の犬猫は幸せか

保護施設アークの25年

エリザベス・オリバー
Elizabeth Oliver

目次

第2章 捨て犬・捨て猫を作らない

はじめに

私はこれまでずっと動物たちに囲まれて暮らしてきました。幼少期、英国で暮らしていたころ、家にはコッカースパニエルがいて、その後はケアンテリア、シャム猫を飼いました。ほかにもウサギやモルモットなど多くの小動物を飼育していました。

小さいころからほしくてたまらなかったのは自分用のポニーです。しかし、母は私の願いを聞き入れてはくれず、「ペットを飼うにはそれなりの責任がいるの。ポニーを飼うにはどんな責任が必要なのか、あなたが本当に理解してからよ」と言うだけでした。

私が乗馬を習い始めたのは3歳半のときです。近所にできたばかりの若いアイルランド人姉妹が管理する厩舎《きゅうしゃ》に通いました。

馬に乗るのは、教わることのほんの一部です。ポニーに乗るのを許される前に、世話の仕方に習熟しなければなりません。私は姉妹に厩舎の清掃、給餌《きゅうじ》・給水、毛のブラッシング、足の手入れ、そして鞍《くら》や馬ろく（おもがい、くつわ、手綱）など馬具一式にオイルを塗ることなどを教え込まれました。

自分専用のポニーを飼うことを許されたのは7歳のときです。このとき「責任とは何か」を初めて自覚しました。夕方どんなにお腹をすかせて学校から帰宅しても、ポニーに食事を与えるのが先です。お小遣いはすべてポニーの餌《えさ》代に消え、乗馬大会でもらった賞金でさえ全額ポニーの世話のために使いました。以来、動物の世話と彼らに対する責任を果たすことが私の生活の大部分を占めるようになりました。

時は流れて2012年、この懐かしい厩舎を改めて訪れる機会を得て、今は80代になるかつての恩師二人との再会を果たしました。彼女たちは今でも次世代の子どもたちにポニーの扱い方を教えていました。

大学生になると、農学部に進み、酪農コースを専攻しました。酪農コースを専攻すると、入学の条件として1年間農場で働かなければなりません。今でも海外の大学の動物関連コースの多くは実習経験を重視しています。たとえば英国やオーストラリアで獣医師になりたい学生は、実習の受講が専門課程の重要な部分として求められます。

実習は、英国海峡にあるチャンネル諸島の一つジャージー島の農場で始まりました。ご存じのように島の牛はすべてジャージー種です。1年間、1日の休みもなく、夜明けとともに起床して朝6時には搾乳室にはいり、80頭近い牛の乳しぼりを手伝う。それが私に課せられた仕事でした。雌牛、子牛、それに雄牛の世話に追われ、何とか夜9時までに帰宅できればラッキーでした。家から農場まで自転車で1時間近い道のりです。車通勤という贅沢《ぜいたく》は望めませんでした。

1968年、私が日本にやってきたのは「偶然」といえるでしょう。冒険が好きな私は、10代のころから誰もが訪れたがる観光地ではなく、エキゾチックで風変わりな国々を旅していました。とくに中央アジア探検について書かれた書物には、その地域を旅したいという想いをかきたてられました。ユーゴスラビア、ブルガリア、トルコ、ソ連、中国。多くの国々を訪れ、その長い旅の果てに行きついたのが日本でした。

「あなたは、なぜ日本に来たのですか？」
今でも多くの人が尋ねます。しかし、この質問に明確な答えをもっていない私は、決まって「好奇心から」と答えることにしています。意外にも、日本に来ることは人生計画には入っていませんでした。しかし、日本の田舎にそれまで思い描いていた「まるで一枚の浮世絵から抜け出たような光景」を見つけ、この地に暮らすことに決めたのです。

日本にやってきて大阪府北部の能勢町《のせちょう》にある古い農家を手に入れると、馬、犬、猫などの動物たちと暮らし始めました。最初は自分のために動物を飼っていたのですが、やがて、この国で「不用物」として捨てられるペット、家のない動物たちの窮状を知るにつけ、やや遅い出発ながら次第に彼らのために働きたいという志を強くするようになりました。社会から恩を受けるだけでなく、お返しをしたいという気持ちは何も大げさなものではありません。多くの人はお金を稼いで家族を養い、それなりの人生を楽しみます。人々の関心と活動は、自らの家族、会社、友人といった身近な範囲に限られるのがふつうです。私自身は、これまで恵まれた人生を送ってこられたと実感しています。常に住む場所があり、飢えや窮乏に苦しむこともなく、裕福ではないにしても生活に困窮しないだけのお金があり、まさかのときには頼れる家族や友人がいましたから。
しかし、世界には助けを必要とする様々な人がいます。飢餓に苦しむアフリカの子ども、家を追われた人、難民、DV（家庭内暴力）に苦しむ女性、孤児。例を挙げればきりがありません。熟慮の末に決意したのは、私なりの方法で、助けを必要とする動物たちの力になることでした。私はもの言わぬ生きものの代わりに声を上げる道を選んだのです。

一般社団法人ペットフード協会が発表した「全国犬猫飼育実態調査」（平成25年度）によると、2013年10月現在、全国で飼われている犬・猫は推計でそれぞれ1087万2000頭と974万3000頭、計2061万5000頭です。世帯割合でみると、日本の全世帯のうち犬を飼育している世帯は15・81％、猫を飼育している世帯は10・14％です。2013年4月1日現在の推計によれば、日本の15歳未満の子どもの数は1649万人（総務省統計局）ですから、日本では子どもの数よりも犬と猫をあわせたペット（コンパニオンアニマル）の数のほうが圧倒的に多い計算です。

日本で暮らし始めてからすでに45年以上、神戸の日本動物福祉協会のボランティアとして動物愛護の活動に携わり、その後「アーク」（ARK：Animal Refuge Kansai）として本格的に動物保護活動を始めて25年が経ちました。

「助けを必要とする動物を救出し、安住できる家庭に迎えられる日まで、食事、住まい、医療などできる限りのケアを提供し、精いっぱいの愛情を注ぐ」

アークが掲げるこのビジョンは、１９９０年の設立以来変わることはありません。本書では、犬猫とともに暮らす社会が、この国に一刻も早く実現することを願いつつ、アークの活動を紹介するとともに、日本の動物福祉の現状、問題点、今後進むべき方向性について述べたいと思います。

第1章　アニマルシェルターとは

シェルター運営は現実と向きあう

アークは、1990年から大阪府北部の能勢町で動物保護施設（アニマルシェルター）を運営している非営利、非政治の私設団体です。動物を愛してともに生き、救いの手を差しのべようとする人々のネットワークを作ることを目指しています。

これまでの道のりは決して平坦ではありませんでしたが、幾多の苦難に直面しながら楽しい思い出も重ねてきました。これから述べるように、アニマルシェルター運営は大変な時間とエネルギーを必要とし、経済的な苦労も並大抵ではありません。経営者は現実を注視しながら憐《あわ》れみの心を忘れてはならず、かといって感情に走ることは禁物です。感情に任せるとたちまち燃え尽きてしまうからです。動物を際限なく受け入れたなら、すぐに収容能力を超える事態を招くでしょう。目の前にいる動物だけに気をとられ、「なぜ、このような動物が存在するのか？　どうすれば現状を改善できるのか？」という本質的な問題をおろそかにすれば、ウォーキングマシンの上を歩くのと同じことです。どんなに速く歩こうと、同じ場所を巡っているにすぎないのです。

さて、「アニマルシェルター運営は大変」と書きましたが、そもそもアニマルシェルターとはどういうものを指すのでしょうか？　一般の人にはわかりにくい用語だと思いますので、ここでアニマルシェルターの定義を明確にしておきたいと思います。

アニマルシェルターとは

アニマルシェルター（以下、シェルター）とは、「行き場を失った動物を保護し、新しい家族（里親）を見つけることを目的とする施設」を指します。もちろん、もらってくれるならどのような家族であってもよいというわけではありません。その動物が二度と悲しい思いをするようなことがないよう、責任をもって終生大事に家族の一員として面倒を見てくれる家族を選ぶこともシェルターの大事な仕事の一つです。ですから、後述するホーダー（動物を際限なくため込む多頭飼育者）のように、多くの動物をため込んだり、無期限に動物を留《とど》め置いたりするような施設になってはいけません。しかし残念なことに、日本の多くの施設の実態は理想とは異なり、本来のシェルターの役割を果たせずにいるようです。

シェルターは、常に、保護する動物の数、利用可能なスペース、スタッフの数と、運営資金などとのバランスを保つことを目標としなければなりません。また施設の清潔さ、保護動物のＱＯＬ（生活の質）、必要に応じた医療処置、定期的なワクチン接種、その他予防獣医学的処置（犬のフィラリア症対策など。フィラリア症とは、フィラリアと呼ばれる犬糸状虫が心臓や肺血管に寄生して発症する病気）、去勢・不妊処置、規則的な運動、グルーミング、社会化訓練など、様々な面で高い保護基準を保つ必要があります。

このような高い保護基準を使命とするシェルターに対し、運営のお粗末な施設では動物を詰め込むように多数保護しています。その結果、犬たちは、運動や社会化訓練の機会が与えられずストレスを抱えることになります。鎖でつながれたり、極端に狭い犬舎に閉じ込められたりすることもあります。猫も同様です。一つの猫舎にあまりにも多く入れられるため、猫同士の間隔が近すぎてやはり過度のストレス下に置かれてしまいます。

このような保護の仕方では病気も蔓延《まんえん》しやすくなりますし、保護動物の数に対するスタッフ数も少なすぎます。資金不足、ボランティアやサポーターの不足、不妊処置の遅延などによって、保護動物の数がさらに増えるという負のスパイラルに陥れば、結局は保護動物たちがより辛《つら》い思いをすることになります。

悲惨な状態を引き起こさないためにも、シェルターは「終生飼養の場」になってはいけません。保護動物がより幸せに暮らせるための「きっかけ」を与えられる場所として機能しなければならないのです。

国際的な動物福祉基準「5つの自由」

日本ではあまり知られていませんが、ヨーロッパをはじめ国際的には広く認知された「5つの自由」という動物福祉基準があります。次に紹介する「5つの自由」は、ペットを飼う人すべてが守るべき指針であると同時に、諸外国で動物福祉法の基本となっている大原則です。私たちアークも、この国際的な動物福祉基準に基づく理想を念頭に日々の活動を行っています。

1　飢えと渇きからの自由――健康と活力を保つための新鮮な水と食餌が供給されている。
2　不快からの自由――安全で快適な休息場所を含む適切な環境が保障されている。
3　痛み、ケガ、病気からの自由――痛み、ケガ、病気に対する予防、迅速な診断と治療が保障されている。

4　正常な行動をとることができる自由——十分な空間、適切な施設、仲間との交流が保障されている。

5　不安とストレスからの自由——精神的、肉体的苦痛のない状況と待遇が保障されている。

アークの活動と特色

アークの活動は多岐にわたりますが、次に紹介するのはその主なものです。

1　里親制度の充実

アークは遺棄された犬猫を保護し、心身をケアしたあと新しい飼い主に譲渡する活動、いわゆる里親探し（リホーミング）を行っています。犬猫の一時的な緊急保護施設、つまり「シェルター」として、できる限り多くの動物を新しい家庭に送るための里親制度を充実させています。アークは本来、動物を終生保護するところではありません。保護動物の心と体の傷を治療しながら新しい家族を探し、同時に、この活動を通じてペットの遺棄防止に努めています。

2　飼い主に対する教育および助言

アークは、飼い主の責任について教育と助言を行っています。飼育上の問題への対処法や、適切な訓練法を飼い主に助言し、ペットの遺棄防止に役立ててもらっています。

3　避妊・去勢の推進

アークが保護した動物は、子犬も子猫もすべて新しい家族に譲渡する前に避妊・去勢手術を済ませます。同時に、社会一般に広く犬猫の避妊・去勢の大切さを知っていただくための活動を行っています。

いうまでもなく、ペットに避妊・去勢手術を施す第一の目的は、一人の飼い主が飼うペットの数を抑制するためです。また、避妊・去勢手術は望まない動物の交尾や妊娠をなくし、雌の場合、卵巣や子宮の病気、性ホルセンに関係する乳腺腫瘍《にゅうせんしゅよう》などの発症のリスクを抑え、雄の場合は、精巣の病気や前立腺肥大、性ホルモンに関係する肛門嚢腫《のうしゅ》などの病気にかかるリスクを抑える効果が確認され、結果としてペットの寿命が延びる（「ふやさないのも愛」環境省）ほか、発情期の行動上の問題や雄同士での攻撃性が低下するなど、雄雌ともに様々なメリットがあります。

4　マイクロチップ装着の推進

アークは、動物の福祉および愛護の観点から、マイクロチップ登録による個体識別の必要性を訴えています。

マイクロチップ登録とは、ペットの個体情報、例えば国名、生年月日、所有者、性別、動物種などが書き込まれたマイクロチップ（直径2ミリ、長さ12ミリ程度の円筒状）を獣医師にペットの体内に埋め込んでもらい、その情報を日本獣医師会に申請して一元登録しておくものです。先進諸国の多くで採用されているこのシステムは、日本では特定動物や特定外来生物を除いてまだ義務化されていませんが、環境省では、犬猫の飼い主は動物が自分の所有であることを証明するために有効であると認めています。ペットの情報を日本獣医師会のデータベースに登録しておけば、万が一ペットが迷子になったり、災害、盗難、事故に遭遇したりしても、安全で確実な身元証明になります。これは世界共通の動物個体識別システムです。

5　政府や地方自治体に、動物愛護管理法の厳格運用、現行法の周知徹底、罰則強化を求める

実は、日本では動物虐待や遺棄が違法行為であること、つまり犯罪であることを知らない人が多いのが実情です。日本の動物愛護管理法では、愛護動物の殺傷には2年以下の懲役、または200万円以下の罰金、虐待や遺棄には100万円以下の罰金が科せられます。アークは犬・猫が人とともに幸福に暮らせる社会の実現に向けて、動物愛護管理法の周知徹底や罰則強化に向けた改正を政府に働きかけています。

6　各自治体に対し、繁殖業者（以下、ブリーダー）とペットショップに対する事業者登録の徹底や違法業者の取り締まり強化を求める

7　安楽死の検討と実施

アークでは、病気や老齢のためにＱＯＬが維持できなくなった動物や問題行動が顕著で新しい家族に譲渡するには危険すぎる動物については、苦痛を与えない安楽死も選択肢に入れて活動を行っています。安楽死については、第5章で詳述します。

動物遺棄と生活問題

ここまでみてきたように、アークの活動はシェルターの役割に限定されません。捨て犬・捨て猫をもらってくれる里親を募る以外にも、飼育者のための教育を行ったり、広報活動や動物愛護をテーマにした講演活動を行ったり、レスキュー活動やホーダーへの対応、ひいては動物虐待事件に関与して告発を決断することもあります。さらに、一般の方に動物のケアや問題行動に関する助言も行います。

私たちが扱う対象は動物だけにとどまりません。飼っている犬26匹と猫15匹の行く末を案じるがんで余命いくばくもない男性、３匹の猫をわが子同様に可愛《かわい》がるという理由で家族から虐待されていた84歳のおばあさん、市当局から立ち退きを迫られたホームレスとそのペット、逮捕され刑務所に収監された飼育者など、人間相手の問題も少なくありません。さらに、飼い主の離婚、破産、死亡、家庭内暴力などの生活問題、社会問題のすべてにかかわらざるを得ないのです。

東京アーク

アークは東京にも事務所を置いています。「東京アーク」は、アークの活動を関東地方に広げようと2005年に発足しました。活動内容は、広報、教育、資金集め、里親探しが中心です。大阪のシェルターから動物を空輸して東京で譲渡会を開いています。

東京アークには保護動物を収容するシェルターがないため、「フォスターホーム制度」と呼ばれるボランティア家庭で一時的に犬猫を預かってもらうしくみを採用しています。フォスターホーム活動は、保護動物が一般の家庭環境でどのような行動をとるかを知る貴重な機会となっています。

東京には大勢の外国人が住んでいるので外国人家族に譲渡される動物も少なくありませ

ん。大使館関係者も多く、譲渡されたあと飼い主とともに海外に渡ったアークの動物は、ドイツ、タイ、英国、フィンランド、フランス、イタリア、カナダ、ニュージーランド、米国など多くの国で暮らしています。それに、動物はペットショップで買うものではなくシェルターから譲り受けるのを当然とする外国人が、日本国内でシェルターを探してもアーク以外に見つからないのが現状です。

アークにはバイリンガルのスタッフもおり、提供する印刷物や情報も日英2言語で書かれています。

アークは受け入れ動物を差別しない

アークの方針は、「どの動物を引き受けるかについて差別をしない」ことです。私たちはもっとも助けを必要とする動物を受け入れるだけです。高齢でも、病気でも、虐待を受けた動物でも、行動上の問題を抱えている動物であったとしても。

入所時には、ノミ、ダニ、耳ダニに悩まされ、体中毛玉だらけで皮膚疾患にかかった動物も、シャンプーとグルーミング、治療などの必要な処置を済ませるとフレンドリーで愛らしいペットへと大変身します。やがて彼らは新しい飼い主にもらわれていきます。アークには健康上は問題がなくても、情緒面に不安を抱えている犬猫もいます。なかには、極端に非社交的で臆病なものや攻撃的性癖をもつ子もいて、いずれも適切な対処が必要です。

保護動物に関する健康問題の多くは、獣医師の助言を受けてアーク施設内で処置・対応します。健康状態が安定すれば、駆虫とワクチン接種を済ませて避妊・去勢手術を行います。皮膚疾患の場合は、治療して回復するまでに数週間かかることもあります。ヘルニア、骨の形成異常、腫瘍、しこりなどがある犬猫には手術が必要です。当然、動物の年齢、予後、費用などを考慮しなければなりません。手の施しようがない場合は安楽死を選択することもあります。

こうした健康問題に比べ、行動上の問題は矯正に時間がかかります。愛情とトレーニングで回復する犬猫もいますが、咬《か》まなくても臆病で恐怖心をもちつづける犬も少なくありません。そういう犬は、例外なく、幼年期にひどい扱いを受けたか間違った育てられ方をしています。多くの時間がかかり、里親を見つけるのも困難です。

日本の遺棄動物には「セカンドチャンス」がない

心の準備もないまま、外出先で何となくペットを買ってしまう人がいるのは困ったことです。動物を飼えるだけの時間と空間があるか、家族全員がペットを飼うことを心から望んでいるか、新しく加わる「家族」に自分たちの生活スタイルをあわせられるか、そもそもペットを飼うべきなのかどうか。慎重に考えたいものです。

飼っているペットを些細《ささい》な理由から捨てる無責任な飼育者がいる一方で、一身上の都合などやむを得ない事情で仕方なく手放す人も少なくありません。これは日本だけでなく、世界中どこでも起こり得ることです。前述したとおり、安定した生活を長くつづけたいと思っても事情が変わり、何の前触れもなく生活が一変して、飼っていたペットがホームレスになる可能性は誰にでもあります。

ただ残念ながら、日本には家を失ったペットを受け入れる「セーフティネット」がほとんどありません。米国や英国をはじめとする動物愛護先進諸国には行き場を失った犬猫を引き受けるシェルターが数多くありますが、日本では遺棄動物が幸せをつかむ確率は限りなくゼロに近いのです。

日本の場合、ペットを手放さざるを得なくなった飼い主に残された選択肢は、ペットを保健所／動物愛護センターに託すか、捨てるかなどになります。残念なことに、それ以外の道は本当にないものかと悩む人々につけこみ、「動物好き」を装ったり、「疑似シェルター（実態は悲惨な場所）」を運営したりする悪質な人々も後を絶ちません。このようなとき、ペットの保管先に自ら出向いてペットの無事を実際に確かめる人はどれほどいるでしょうか。皆無に近いでしょう。愛するペットが安全なところに保護されるものと思い込み、「から約束」を真に受けてお金を渡す人々がどれほどいることか。残念ながらあまりにも多いのです。

ここで、保健所／動物愛護センターの業務と名称表記について補足をしておきます。近年、従来保健所が行っていた獣医衛生業務（動物管理の相談、野良犬・野良猫などの管理・里親募集、犬猫などの殺処分など）は、保健所業務の多様化・統廃合にともない、その多くが都道府県や政令指定都市の機関である動物愛護センター（自治体によって名称は異なる）に移行しつつあります。ただ、自治体によっては、これらの業務を従来通り保健所が担っているところも多くあるので、本書では便宜上これらの業務を行っている各自治体の機関をまとめて「保健所／動物愛護センター」と称することにします。

心に残る犬たちの物語

どのようなシェルターでも、保護期間が長ければそれだけ里親と出会うチャンスは少なくなります。トレーニングとリハビリに努め、手厚いケア、運動、刺激を与えても行動は悪化する傾向にあります。吠《ほ》える犬の近くに猫がいたり、犬同士が吠えあったりすることが避けられないシェルターという環境そのものが様々なストレスを生むからです。

しかし、家族の一員として迎えられた犬猫の「変身ぶり」には目を見張るものがあります。「アーク同窓会」で里親さんに連れられてくる犬たちの変わりようはどうでしょう？　つややかな毛並み、忠誠心と自信にあふれた態度――。他犬への攻撃性など微塵《みじん》もなく、別の子のように変貌《へんぼう》をとげています。

アークにやってくる動物たちは、どの子もそれなりのストーリーを秘めています。何千という物語があるなかで、ここに紹介するのはほんの一部にすぎません。すでに拙著『スウィート・ホーム物語』（晶文社、2002年）で取り上げた話もありますし、もっとも有名なアーク犬といえるチョビの話は『ありがとうチョビ』（高橋うらら著、くもん出版、2009年）という1冊の本になっています。

アークにやってくる動物の多くは、言うまでもなく悲しい過去を背負っています。しかし大切なのは、そして、この仕事をしてよかったと私たちが感じるのは、彼らが幸せな結末を迎えることです。私たちの人生を豊かにしてくれる原動力は、この子たちの存在なのです。

これから、アークが発行するニュースレター「A VOICE FOR ANIMALS」（以下NL）にも掲載した数匹の犬たちのストーリーを紹介したいと思います。

モナミ　小さな命に希望を託して――子犬と少女を結ぶ物語

2005年4月26日、千葉県印旛沼《いんばぬま》の林道で、大雨のなか1頭の雄犬が救助されました。この犬を助けたAさんは、警察や地元の保健所、県の動物愛護センターに連絡しましたが、飼い主はわかりませんでした。

土砂降りの雨のなか、Aさんは横たわった1頭の犬が大きな目で通り過ぎる車を見ているのに気づきました。一度は通り過ぎたものの、「訴えかけるように」見つめる犬の視線がひどく気になり、動けないのではないかと思い、急いで現場に引き返すと犬を救助してすぐに動物病院に運んだのです。

検査の結果、背骨が半分に折れて脊髄《せきずい》損傷の状態であることが判明しました。処置を担当した獣医師は「命が助かったとしても、下半身は麻痺《まひ》したままでしょう」と告げました。しかし幸いなことに主な臓器は正常に機能していました。

首まわりの毛がほとんど抜けていたのは、犬が劣悪な飼育状態に置かれ、虐待されたことを示すものでした。「治療せずに放置すれば、命は助からない」と獣医師は診断しました。この場合、考えられるシナリオは、飼い主を捜し出す、誰かが引き取って世話をする、安楽死させる、の3つです。Aさんは犬を「モナミ」と名づけ、譲渡先が見つかることを期待して脊柱手術をする選択をしました。モナミは二度の手術に耐えて一命を取りとめたものの、下半身の麻痺は残りました。

それからAさんは、モナミもほかの犬と同じように幸せに暮らしてほしいと必死で里親

モナミ　　写真提供／アーク

を探しました。当然、半身不随で動きのとれない犬の「身請け人」を見つけるのは容易ではありません。モナミは自力で排尿ができないため、尿カテーテルをつけるか、人が手で排尿をさせなければならず、飼い主にかかる費用と手間は相当なものです。

Aさんからアークにモナミの将来について電話で相談があったのはそのころです。しかし、私たちは即答しかねました。数百頭の動物を抱え、人手は限られています。このうえモナミを引き取って一生涯十分なケアを提供できるでしょうか。モナミのような犬は、おそらく里親には出会えないでしょう。

しかし、私たちはAさんのモナミに対する愛情に心を動かされました。面倒を見ているAさんとその仲間は本当に犬好きな人たちで、「厄介もの」を誰かに押しつけたりする無責任な人々ではないと確信したのです。

こうして、モナミはアークにやってきました。この子の黒い瞳《ひとみ》は一体何を見てきたのだろう、とスタッフの誰もが同じ思いを抱きました。

モナミは、最初の数日こそ人間を警戒しているようでしたが、次第に打ち解けて毎日三度の散歩と二度の食事を楽しむようになりました。スタッフはモナミの腰に巻きつけたタオルを持つようにして歩行を助けました。排尿については、膀胱《ぼうこう》を圧迫して排尿させましたが、コツさえつかめばそれほど難しくはありませんでした。

ある日、モナミに素晴らしい贈り物が届いてスタッフを喜ばせました。モナミのことを聞きつけた人が特製の「車椅子」を作ってくれたのです。大勢の人々がモナミのことを気にかけてサポートしてくれました。

モナミは一生涯アークで過ごすものと思っていたのですが、なんと奇跡が起きました。障害のある娘さんをもつ女性から、モナミを引き取りたいという手紙が届いたのです。

次に紹介するのは、モナミを家族として迎えたあと、その方から寄せられた手紙です。

私たち家族とモナミの出会いは、福岡ではまだ暑い9月の下旬でした。私の母が3匹の猫を保護したのでインターネットで里親探しを始めました。わが家には2匹のダックスフントがいることもあって、犬の里親探しのコーナーにも目を通していると、「下半身不随のモナミ君、里親募集」との掲示が目にとまり、モナミの黒くて綺麗《きれい》な瞳が何日たっても忘れられず、募集当時の保護主さんに直接メールを入れたのがモナミとの出会いの始まりです。

当時、モナミはアークにいたのですが、それを知らずに保護主であるAさんに「モナミの里親になりたい」と申し出ました。返事を待つ間、モナミとの生活、犬用の車いすの手配、障害を持つ犬との生活などについてインターネットで調べているうちに、モナミがアークで生活していることを知りました。

翌日にはアークに電話を入れました。スタッフさんが「モナミの里親を希望されるのですか？」と少し驚かれたので、想像しているよりも障害のある犬の里親になる人は少ないのだと改めて感じたのを今でも覚えています。

なぜモナミでなければならなかったのか、不思議に思う方もいるかもしれません。

わが家の5歳の娘は、日本でたった3人しかいない難病を患っています。生まれてから一度も1人で歩いた経験はありません。肢体不自由の子どもです。言葉は理解できても、うまく伝えることができないので手話を使っています。

犬だから、障害があれば幸せになるのは難しいのでしょうか。正直、娘とモナミは似たような障害をもっているので、娘を想う感覚と同じになったのかもしれません。しかし、娘にとってもモナミは希望になってくれると直感したこと、私自身もモナミから生きることについて勉強したいと思ったこと、保護してもらい安楽死を逃がれてアークに辿《たど》り着いたなら最後まで幸せになって欲しいと心から思ったこと、モナミはわが家にくる前から、多くのことを与えてくれていることに気づきました。

私が障害のある犬を引き取ったことを機会に、病気の犬たちにも同じように里親が決まることを願っています。ちょっとした介助をすれば、道具を使えば、病気とうまくつき合えば、その子のペースに少し合わせれば、普通に毎日を過ごせるのです。

モナミがわが家に来て1週間。今やすっかり家族の一員です。先住の2匹のダックスフントとも慣れ、娘の良いパートナーになっています。そして、私の可愛い子どもです。これからモナミの目を通して色々なものを学んでいきたいと思っています。

（市川洋子「モナミとの出会い」NL60号、2005年 著者の許可を得て一部変更）

少女が助けたポルカドット

ポルカドットは活発なダルメシアンで、ひょろ長い体型に変化する成長期に入ったばかりの雌犬でした。その身に一体何が起きたのかは不明ですが、ある日、一人の女子学生がダルメシアンの子犬が道に倒れているのを発見しました。子犬は後足が押しつぶされてひどく腫《は》れ上がっていました。たいていの人は「かわいそうに」と呟《つぶや》いて立ち去るだけですが、少女は違いました。犬を抱き上げて、緊急治療が必要だとわかると、近くの動物病院へ連れて行ったのです。

獣医師は一目見るなり、「すごくお金がかかるけど、いくらもっているの？」と聞きました。少女は持ち合わせのお金を見せて、「あとでもっともってきますから」と頼みました。少女は

ポルカドット　　写真提供／松村六娘

たが、獣医師は「これじゃ足りない。助けてあげられないね」と返しました。

少女が犬を抱きかかえて家に連れ帰ると、祖父が「犬を外に出しなさい。でないと保健所に連絡するぞ」と大変な剣幕で叱《しか》りました。少女は途方に暮れ、祖父の言葉通りに事が進むのではないかと恐怖に脅えました。

彼女が思いついたのは、駐車場に止めてある自家用車のトランクに子犬を隠すことでした。３日間、彼女は子犬の様子をこっそり見に行き、元気づけようとしましたが、後足は化膿《かのう》していて生命の危険すら感じられました。

少女はアークに電話をしてきました。ポルカドットをいったんアークに引き取ったあと、アークから病院に救急搬送すると、獣医師は命を救うには足を切断するしかないと判断しました。

手術後、集中治療に長い時間を要しましたが、ポルカドットはついにアークに戻ってきました。やがてほかの同年代の仲間と同様に元気いっぱいに青春を楽しむようになりました。嬉《うれ》しいことに、日本女性と結婚した外国人がアークを訪れ、彼女に一目ぼれしました。ポルカドットは「終《つい》のすみか」を見つけたのです。

スポンサードッグになって幸福を手に入れたレッド・ロッキー

レッド・ロッキーとコムが保護されたのは建設資材置き場でした。2匹とも身体に何かの劇薬によるものか、あるいは、おそらく火による傷跡が数カ所ありました。残念ながらコムは1年も経たずにフィラリア症で死んでしまったのですが、レッド・ロッキーはアークの「スポンサードッグ」として人気者になりました（スポンサー制度については101ページ参照）。

レッド・ロッキーは、体毛はかなり回復しましたが、その異様な容貌から里親希望者は

レッド・ロッキー　　写真提供／アーク

なかなかあらわれませんでした。
　ところが、そんな彼が長濱さんの目にとまることになりました。アークには老犬を自宅に引き取り、最後の数年間面倒を見てくれる人たちが何人かいます。そのうちの一人である長濱さんがレッド・ロッキーを引き受けてくれることになったのです。アークの誰もがレッド・ロッキーとの別れを惜しみ、しかし彼がようやく暖かい家族に巡りあい、最高のケアを得られることを喜びました。
　残念なことに、2年後、レッド・ロッキーは散歩の途中で倒れると手当の甲斐《かい》なく心不全で死亡しました。奇しくも彼がアークに来てから満10年にあたる日のことでした。16歳でした。レッド・ロッキーは真に勇敢な犬として皆の記憶に長く残っています。

長濱さんにはレッド・ロッキーだけでなく、ジャスパー、ガリバー、タイシコウ、キヨウといった犬たちもお世話になりました。現在、彼女の自宅には別のアーク犬、モロが暖かく迎えられています。

過酷な状況を生き抜いた末に「わが家」と巡りあったジョーイ

ジョーイが大阪城公園からアークにやってきたのは、1997年12月のことでした。ジョーイを含む26頭の犬を飼っていたホームレスの男性が逮捕されてしまったのです。警察は事件が解決するまで犬の面倒を見てほしいと公園管理事務所に要請しました。事務所の職員は犬のことは何もわからないので保健所に連絡しましたが、保健所の職員が犬を公園の片隅に移して風雨も満足にしのげないところに鎖でつないだため、すぐに目もあてられない惨状に陥りました。あちらこちらから浸入した水で地面はどろどろです。乾いた場所がないので、犬たちは泥の上で排泄物《はいせつぶつ》にまみれて眠らなければなりません。餌は職員がおそるおそる投げ与えたため、強者が弱者を攻撃して奪い取る始末でした。ジョーイは弱い犬のほうの1匹でした。身体が小さく、後足が変形した彼は、私たちが救出したとき

ジョーイ　　写真提供／アーク

にはほとんど死にかけていました。

　アークに引き取られたあと、ジョーイはまたしても死の恐怖に見舞われました。ジョーイたち3頭の犬はプレハブ小屋に住んでいたのですが、ひどい台風の晩、裏山の崖《がけ》が崩れて土砂が小屋に覆いかぶさり、柵を押しつぶしたのです（もしも小屋に人が住んでいたら、おそらく死んでいたはずです）。ジョーイたちは小さな抜け穴を見つけて命からがら脱出しました。

　大阪城公園から救出された犬たちは、やがて里親たちに引き取られていきましたが、幸運の女神はいつもジョーイのうえを素通りしました。そこで私たちはジョーイをアークの

「スポンサードッグ」に指定しました。

その後、長い年月を経て、ジョーイは服部家に迎えられることになりました。服部さんは数年前にアークからバウンティという犬を譲り受けた方ですが、その犬が亡くなったために再び恵まれない境遇にある犬の里親になるべくアークを訪ねてきたのです。「里親に巡りあう機会のない老犬」が彼女の希望でした。ジョーイにラッキーチャンスが回ってきたのです。ありがとう、服部さん。お陰でジョーイにもやっと「わが家」ができました。

記憶に残る悲しい物語

ある日、アークにかかった電話は、「がんの宣告を受けた高齢の男性が飼っている8歳の犬を引き取ってほしい」という依頼でした。電話をかけてきた男性は、高齢男性の友人か近所の人、または親戚と思われました。私たちは断りはしませんでしたが、「もう少し詳しく話を聞きたいので一度アークに来てほしい」と電話の主に伝えました。

2週間が経過しても何の連絡もないため、どうしたのかと思って電話をしてみると、応対に出た男性は「今、お葬式から帰ったばかりです。あの人は犬を絞め殺して自殺しました」というではありませんか。こんな思いがけない結末を誰が予測できたでしょうか。いまだに心残りなケースの一つです。

　またあるときは、「公園にケージに入った猫が捨てられている」と外国人女性から通報がありました。現場はアークからけっこう離れているので、その日のうちに猫を保護することは不可能でした。そこで女性に、「猫のケージを持ち帰って家かどこかに保管しておいてほしい。明日、引き取りに行きますから」と頼みました。翌日、私たちは公園に行ってみましたが、猫の姿もケージもありません。公園管理事務所に尋ねると、誰かが猫を殺して前足を切断したので職員が死体を片づけたとのことでした。

　先の女性に連絡をし、その話を伝えたところ、当然びっくりしたものの、自宅にも猫が数匹いるからその子を連れて帰れなかったと言うばかりです。哀れな猫をたった一晩安全な場所に保護することもできなかったのだろうか、とやりきれない思いでした。翌日までは猫も無事だろうと信じ込んでいた私たちの判断が甘かったのかもしれません。

アークに保護される犬は海外に里親を求めることもあります。2006年6月、8頭のアーク犬が海を渡ってロンドンの「バタシー・ドッグズ&キャッツ・ホーム」に預けられました。

バタシーは世界最古の犬・猫保護施設です。その厳しい里親の審査基準は有名で、英国では「子どもを養子にするよりもバタシーの犬をもらうほうが難しい」と言われるほどです。

バタシーに送られたアーク犬はすべて日本では里親が見つからなかった犬たちです。どの子も雑種の成犬なので、子犬、それも純粋種の好きな日本人には受け入れられにくいのです。一方、英国人たちは「大人の犬」を好む傾向にあります。

バタシーに着いて1カ月も経たないうちに8頭全員に飼い主が決まりました。最初に受け入れ家庭が決まったのは、最年長で10歳のマーマルです。もっと多くのアーク犬をバタシーへ連れて行き、受け入れ家庭を見つけたいとは思うものの英国は遠く、大変な費用がかかります。

バタシーで犬をリホーミングするための準備には、まず、犬たちにマイクロチップを埋め込む必要があります。「ペットパスポート」（EU加盟国に入国するペットに必要な認証）を利用して犬が国境を越えて移動することの多いヨーロッパでは、マイクロチップ登録を義務づける制度が標準となっています。アークではすでにこれを実施しています。

また、狂犬病予防の注射接種も必要です。当時は渡航前に日本で狂犬病予防ワクチンを接種して、1カ月後、狂犬病の抗体ができていることを確認するために犬の血液を採取して政府公認の試験所に送る必要がありました。このときはスコットランドにある試験所に血液を送りました。英国の検疫規定に従って狂犬病の抗体ができていることを知らせるOKの検査結果が出たあとも、犬たちはさらに6カ月間日本で待機しなければなりませんでした。

ところで、英国に到着したアーク犬たちがまず直面したのが、「カルチャーショック」でした。匂い、環境、人、言葉。何もかも日本での生活環境と違います。そこで、経験豊富なバタシー職員の指示で、アーク犬は2週間隔離棟で過ごすことになりました。アーク犬が何らかの病気をもっていた場合を懸念してではなく、現地の病原菌に免疫のない彼らが病気にかかるのを防ぐためです。

2週間後、犬たちは「行動テスト」を受けました。行動テストは、すぐに新しい家庭に入れるか、それとも特別なトレーニングが必要かを判定する適性審査です。なかでも深刻なカルチャーショックに見舞われたのはハムレットでした。ハムレットは「英語」に拒否反応を示しました。幸いバタシーにはHさんという日本人スタッフがいて、彼女がハムレットを一時的に預かり、その後、里子として引き取ってくれました。ハムレットは、数年間、Hさんと幸せな日々を過ごしたあと、2010年にその生涯を終えました。

喜びと悲劇のはざまで

私たちは楽しい思い出だけでなく、幾多の悲劇にも遭遇してきました。いまだに「ああすればよかった、あのときこうしていたら」と後悔の念にかられる苦い記憶も少なくありません。

アークには、「助けを必要としている、動物を保護してほしい」という電話が1日に何件もかかってきます。その案件が緊急事態かどうか、直《ただ》ちに行動をとるべきか、様子を見るだけの余裕があるのか、もう少し詳細情報を得たほうがいいのか。的確な判断を迫られます。「行間を読みとる」には経験がものを言います。

電話の様子から、緊急事態のように聞こえても実際はそうでなかったり、緊急性がなさそうなのに実は非常事態だったりすることはよくあります。それに、先進諸国の大規模な動物保護団体と違い、アークには救急車も、直ちに出動できるレスキューチームもありません。保護動物の日常的なお世話をしている現場スタッフを派遣するしかないのです。

英国のチャリティの伝統

私の生まれ故郷であり、動物愛護先進国でもある英国には古くからチャリティ（慈善事業）の伝統があります。現在、英国の"Charity Commission"（慈善事業監督委員会）には2015年6月末時点で16万4603もの慈善団体が登録されています（https://www.gov.uk/government/publications/charity-register-statistics/recent-charity-register-statistics-charity-commission）。この委員会は、寄付金による収入の額をはじめ、集まった資金が設立の趣旨に沿って使われているかどうかなど登録団体を監督する役目を担っています。委員会は、各慈善事業および団体に対する監視結果を詳しく公表し、資金の使途が不適切なものには警告を与え、万が一改善されなければ登録を取り消すという強い権限を有しています。

　数ある慈善団体のうち、動物のレスキュー（一時的保護）とサンクチュアリ（終生保護）を目的としているのは１０９８団体です。ペット対象団体が２９２団体、盲導犬などアシスタンスアニマル（身体障害者補助動物）を扱うものが23団体、野生動物や絶滅危惧種《きぐしゅ》の保護にあたる団体が１８０団体などです。全部で１６００以上の動物関連団体の大多数がシェルター、サンクチュアリ、病院など複数の施設を運営しています。英国には、迷子の動物、不用物扱いや飼育放棄されたペット、怪我や虐待に苦しむ動物を専門に扱う行政機関はありません。慈善団体が動物保護と福祉の中心的役割を果たしています（２０１５年７月現在。http://www.charitychoice.co.uk/charities/animals)。

　英国で初めて動物の福祉に関する法律が制定されたのは１８２２年のことです。それからわずか２年後の１８２４年に、最古の動物福祉団体「ＲＳＰＣＡ（The Royal Society for the Prevention of Cruelty to Animals：王立動物虐待防止協会）」が設立されました。英国には、この団体のほかにも１００年以上の長い歴史を誇る動物福祉団体が数多く存在します。ＲＳＰＣＡ設立後も同種の慈善団体があとにつづき、毎年のように新しい団体が誕生しています。

慈善団体の大多数は、個人、それも多くは女性の「思いやり」からスタートしたものです。それらは徐々に規模を拡大すると、創設者の没後も発展していきました。

大企業並みのスタッフと資金で活動する英国のドッグズ・トラスト

ここからは、同じようなタイプの慈善団体が多数存在するなかで、英国最大の犬保護団体である「ドッグズ・トラスト」を取り上げ、活動内容、施設、拠って立つ哲学、彼らが成功を収めた理由を述べたいと思います。

ドッグズ・トラストは、2015年7月現在、イングランド、スコットランド、ウェールズ、アイルランドに20のシェルター（彼らが好む呼び名では「リホーミングセンター」）を運営し、ほぼ毎年新施設をオープンさせています。700名以上の正規職員と2500名のボランティアを擁し、年間収入は8470万ポンド、英ポンドは変動が大きいのですが、1ポンド180円として計算すると日本円にして約150億円を超えます。そのほか大勢の会員とサポーターがドッグズ・トラストの活動を支えています（https://www.dogstrust.

org.uk/)。

ドッグズ・トラストは、リホーミングセンターの運営以外にも、避妊・去勢手術の実施、マイクロチップの登録推進、子どもたちに犬との接し方を教える教育活動、さらにＤＶ被害者の飼い犬を預かる「フリーダム・プロジェクト」のほか、ホームレスが飼っている犬に対する無料の医療サービス、動物を通じて受刑中の若者を更生させる"Paws for Progress"など、非常に幅広い取り組みをしています。

活動エリアは国内にとどまりません。マルタ、ギリシャ、ルーマニア、フィリピン、スリランカ、インドなど、世界各地で動物福祉改善のアドバイスを行い、約50カ国の代表者が参加する「国際コンパニオンアニマル福祉会議」を毎年ヨーロッパで開催しています。ドッグズ・トラストは各方面から絶大な信任を得て、エリザベス女王陛下をパトロンに戴いています。

英国人の意識を変えたドッグズ・トラストの歴史

ドッグズ・トラストも最初は小さな組織でした。１８９１年、ガートルード・ストックさんという一人の女性がドッグズ・トラストの前身である「NCDL（National Canine Defence League：全国犬保護連盟）」を創設しました。彼女は、野良犬の保護や獣医療を提供する診療所を作るために奔走し、犬に口輪をはめることや、鎖でつなぐこと、実験用に犬を使うことに反対を唱えました。

NCDLは着実に成長をつづけていましたが、ほかの多くの施設と同様にやや暗いイメージを世間に与えていました。英国の当時のシェルターは、ずらりと並んだ鉄格子の檻に多くの野良犬を収容し、引き取り手がなければ殺処分するという陰気なもので、犬を飼いたい市民が足を運びたくなるような雰囲気とはほど遠い場所でした。NCDLの藍色《あいいろ》の犬のロゴは「お願いだから、なかに入れて」と玄関のドアを引《ひ》っ掻《か》く哀れな犬をイメージしていて、ビクトリア女王時代を彷彿《ほうふつ》させる懐古趣味的なものでした。経営状況も、1974年当時でさえ、かろうじて収支が見合う程度のものでしかありませんでした。

ところが1974年にクラリッサ・ボールドウィンという若い女性が広報担当として加わったことで転機が訪れます。4年後の1978年に、彼女が“A Dog is for Life, not just for Christmas”（犬はクリスマスだけでなく、生涯にわたるパートナー）というスローガンを掲げると、その言葉がＮＣＤＬの活動を大衆に強くアピールしました。さらに、彼女が考案した“Toys aren't Us”（僕たちはオモチャじゃない）というメッセージは、「パピーファーム（子犬製造工場）反対」キャンペーンの始まりを告げるものでした。“We never put a Healthy Dog to sleep”（私たちは健康な犬を決して安楽死させません）も、今やドッグズ・トラストが掲げる有名なモットーの一つです。

１９８６年、クラリッサはＣＥＯ（Chief Executive Officer：最高経営責任者）に就任しました。２００３年には組織名をＮＣＤＬからドッグズ・トラストに改めるなど改革を推進し、その年彼女は大英帝国勲章であるＯＢＥ（Officer of the Order of the British Empire）を受勲しています。

英国ではドッグズ・トラストが「シェルター犬」のイメージを一新したといっていいでしょう。シンボルカラーはＮＣＤＬ時代の藍色から明るい黄色になり、印象的な新しいロゴマークを採用すると同時に、リホーミングセンターは市民を歓迎する明るい施設へと生まれ変わりました。犬舎の正面は明るいガラス張りで、「今週の犬」「スポンサードッグ」など、特色ある企画を打ち出しました。ドッグズ・トラストは、経験豊かなスタッフが市民を快く迎える場所へと様変わりしたのです。そしてこの団体にならい、英国のほかの動物福祉団体も後につづきました。

英国ではペットショップではなくシェルターでペットを譲り受ける

今では、英国ではペットを求める人はペットショップではなくシェルターに足を運びます。そのため犬猫の生体販売というビジネスはほとんど成立しなくなりました。日本同様、英国にもペットショップという業態はあります。しかし、扱う商品はペット用品とフードに限られ、生体の販売は数種類の外来動物とネズミ科のジャービル、ウサギ、モルモットなどの小動物や魚類です。

ドッグズ・トラストは、様々な改革を通して、保護している「不用犬」のイメージを「ペットにふさわしい愛すべき犬」へと転換し、魅力あるイメージを打ち出すことに成功しました。

実はアークでも、ドッグズ・トラストにならって「ペットショップの動物ではなく、シェルター動物をペットに」と訴える方針を以前から掲げています。しかし、アークのようなシェルターが日本でこの方針を貫くのは容易ではありません。ペットの入手先として人々が思い浮かべるのはペットショップであり、シェルター動物を譲り受けるケースは一般的でないからです。ペットショップが扱うのは見た目に可愛い幼齢動物ばかりで、訪れた客は自動車やテレビを買うのと同じように、品種、大きさ、姿、色、価格など様々な選択肢のなかから好みの子犬・子猫を選べます。対抗策としてシェルターにできるのは、信頼のブランドを作ることしかありません。私たちも、一度は見捨てられた犬猫を魅力的な「アークブランド」に変えなくてはならないのです。

確かに、日本にも捨てられたペットや障害をもつ動物を引き取ってくれる人たちはいます。遺棄動物を不憫《ふびん》に思う心優しい人たちです。しかしペット飼育希望者のうち、彼らのような人たちは少数派にすぎません。今の日本に必要なのは人々の意識改革であると私は考えています。

シェルターに保護された動物は、過去に受けた辛い経験から何らかの問題を抱えているかもしれません。しかしそれは、ペットショップの動物とて同じことです。なぜなら、彼らは産みの親、きょうだい、そして人間から社会化訓練を受けないまま狭いケージで過ごして育ってきているからです。一方、シェルターに収容されている動物たちも、愛情と忍耐をもって接すれば素晴らしいペットに変身できると私は信じます。そのことを皆さんにも知っていただきたいと切に願っています。

聴導犬協会とアーク

アークは、2011年にそれまでも長く協力関係にあった「日本聴導犬協会」（代表者は有馬もと氏）と正式に業務提携を結びました。業務提携の目的は、動物福祉および聴導犬に対する世間の関心を高めることです。具体的には、アーク犬を聴導犬候補として日本聴導犬協会に譲渡する、イベントの開催によって両団体の活動を促進する、研修目的のスタッフ間交流を図るなどです。アークのスタッフは日本聴導犬協会で犬の管理、とくに犬の社会化訓練の研修を受けることができますし、日本聴導犬協会のスタッフはアークで動物福祉について学習することができます。

篠山新施設に「犬舎棟」オープン

2014年5月25日、兵庫県篠山市後川《しつかわ》に建設中の「ARK国際動物福祉センター」に最初の犬舎棟がオープンしました。大阪能勢のシェルターはボランティアの助けを借りて数年がかりで建てましたが、新施設は英国のシェルター専門家による最新デザインです。アークは斬新なアイデアを取り入れるために英国のシェルター数カ所にスタッフを派遣しました。

国際動物福祉センター建設では、建築申請をして許可が下りるまでと、インフラの整備に数年を要しました。消防関連、地震・洪水対策など日本には厳しい規制があるため、膨大な量の諸書類を各関連部署に提出したあと、建設許可が出るまでに長い時間がかかります。電気、給水、排水、下水など目に見えない地下設備がすべて整わない限り、構造物建築に取りかかることはできません。最初の建物、倉庫棟が完成したのは2012年でした。

犬舎棟を組み立てたのは地元企業ですが、犬舎内部を構成する資材は英国シュロプシャーに拠点を置くシェルターデザイン専門の会社から輸入したものです。英国でパーツを積み込んだコンテナが神戸港まで海上輸送されました。

新犬舎棟には合計22室のシングル、ダブル、グループ用犬舎があり、約40頭の犬を収容

兵庫県篠山市のＡＲＫ国際動物福祉センター

できます。寒さを防ぐ床暖房を整備し、蒸し暑い夏の対策用に換気設備を強化しました。さらにエアコンを備えた部屋も数室用意されています。広大なドッグランのほかに、犬舎に隣接したトイレ出しや、犬と触れ合うためのフェンスで囲われた運動スペースが４カ所。屋内には、台所、洗濯室、トリミング用スペース、それにスタッフのための休憩室があります。

新犬舎に入居する犬の何頭かは東日本大震災の被災犬です。これは、５年近く経った今でも、飼い主さんが引き取りに来られる状況にないためです。

新犬舎は、新施設での最優先案件として

犬舎棟では床暖房や換気設備を整備。約40頭の犬を収容可能

建設を急ぎ、運用がスタートしました。次の目標はさらなる犬舎の増設を優先させるか猫舎の建設を先に進めるか、現在検討中です。

私たちはさらに、トレーニングや啓蒙《けいもう》活動用の施設も計画していますが、これは非常に大切なものです。アークは今後とも行き場のない動物の保護活動をつづけますが、その一方で捨てられるペットの数を減らし、そもそも人々が飼育放棄をしないように教育する必要があるからです。

篠山の新しい国際動物福祉センター用地は、後川の清流に面しています。立派な樹木が多く、とりわけ楓《かえで》の紅葉は見事なものです。山々に囲まれ、シカ、イノシシ、キツネ、タヌキなどの野生動物のすみかであり、クマの生息も推測されるほど大自然に恵まれた別天地です。今後、建物の周囲に庭を配して景観を整え、来訪者の目を楽しませたいと考えています。私たちが目指すのは、人間にも動物にも心地よい環境を用意することです。アークが描く「壮大な物語」は序章に入ったばかりです。完成までには幾多の困難が予想されますが、皆様のご協力を得て夢の実現に邁進したいと思います。

第2章　捨て犬・捨て猫を作らない

日本の行政には動物福祉専門の部署がない

日本の行政組織には動物の福祉を専門に扱う部署がありません。確かに、国は「動物の愛護及び管理に関する法律（動物愛護管理法）」を定め、動物の虐待防止や適正な取り扱い、その他動物の愛護のため、占有者（飼い主）、動物取扱業者、都道府県知事および各市町村（主に保健所／動物愛護センター）の役割や責務を明文化しています。しかし、この法律をもとに各都道府県が定める条例などにより実務を担う地方の行政組織には、「動物の福祉」を専門に扱う部署がないのです。

そのため各市町村における保健所／動物愛護センターは「公衆衛生上の観点」から野犬の回収と処分を業務の一部として行います。つまり野良犬は、公衆衛生上の問題である狂犬病を予防するために、また人を咬む恐れがあるという理由から、捕獲され一時預かりされると、飼い主があらわれない限り数日内にガス室に送られて殺処分されます。そこには動物の福祉や愛護とはほど遠い現実があります。

飼い主に見放されたペット

世界中どこの国でもペットは飼われていますが、途中で家族の事情が変わることがあるのも同じです。ペットの世話ができなくなるケースのなかには、飼い主の死や寝たきりなどやむを得ない理由のほか、離婚、破産、転居、転勤などがあります。

日英の動物福祉環境の相違については84ページで改めて記述しますが、アニマルシェルターの定義（19ページ参照）でも述べたように、日本には遺棄動物を保護し、ケアしたあと里親に譲渡するようなシェルターがほとんどありません。そのためペットを手放したい人や飼育が困難になった人たちはジレンマに陥ります。命あるものを殺すのは殺生を戒める仏の教えに反するからか、ペットの安楽死を獣医師に頼むようなことはしませんし、獣医師の側でもたとえ動物がどれほど苦痛に耐えかねていようと安楽死処置を断る人も多いのです。だからといって、殺処分されると知りながら保健所／動物愛護センターにペットを連れて行くのは気がとがめます。

最後に残された道はどこにあるのでしょうか。繰り返し述べているとおり、捨てるしかないのです。捨てたとしても、自力で生き延びる可能性も皆無とはいえないし、もしかしたら誰か親切な人に拾われるかもしれない。そのような根拠のない望みにすがるのです。

山や河原に犬猫を捨てに行くとき、動物を「自然に還して」あげたのだから悪いことじゃないと自分を慰める人もいます。しかし、自然はたちまち本性をあらわします。厳しい環境に置かれた無力な生きものの末路は、低体温や脱水症などで死ぬか、カラスなどに襲われるかです。万一、生き延びたとしても、その先にいかなる運命が待っているかは想像に難くありません。

「ペットを手放したい方、引き取りと譲渡先をお世話します」と宣伝して、飼い主の後ろめたさにつけ込む不届き者もいます。電柱の広告や郵便受けに入ったチラシに住所の記載はなく、連絡先は携帯電話番号だけです。そんないかがわしい誘いに乗るはずがないと思われるかもしれません。でもこの点に関して、日本人は信じられないほど「お人好し」なのです。

道端や高速道路のサービスエリアなどで、犬猫1匹につき3万円ほどの手数料が受け渡されると、取引は成立します。仮に業者が1日10匹の動物を入手したとすれば、ちょっとした「うまい商売」です。動物をどこかに廃棄しても、彼らが失うものはありません。

最後の望みを託して

動物愛護先進国では、そうした動物を受け入れてくれるシェルターがたくさんあり、人々もそれを十分に知っているので、遺棄動物や迷子、飼い主不在で行き場を失った犬猫が路頭に迷うことはありません。

例えば、英国では、動物福祉団体が運営するシェルターが、飼育困難になった家族のペットや、自治体の「ドッグ・ウォーデン」（野良犬・迷子犬を扱う職員）や警察に保護された動物を引き取ってくれます。シェルターは所有者が名乗り出る場合に備えて、定期間動物を保管します。その後、当該動物がシェルターの所有になると、シェルターは動物にリハビリや訓練を行い、さらに新しい飼い主を募るかどうか決めます。里親を探すか否かを決めるのは、医学的な理由や行動上の問題から安楽死を決断するケースもあるからです。例えば、その動物が人間やほかの動物に攻撃的な態度をとると判断されれば「危険動物」として分類され安楽死処置されます。

しかし繰り返しになりますが、日本では不用になったペットや野良犬・野良猫を引き受けてくれるシェルターなどの受け皿がほとんどありません。そのため事情が変わってペットを飼いつづけられなくなった場合、捨てるか、保健所／動物愛護センターに持ち込むかなど、日本の飼い主に残された道はそう多くないのです。

年間19万頭を超える犬猫が自治体施設に収容されている

１９７４年に動物保護管理法が施行され、その1年間に、日本ではおよそ１２２万頭の犬猫が地方自治体運営の施設で殺処分されました。内訳は、犬が１１５万９０００頭、猫が６万３０００頭です（総理府調べ）。

そして、ＮＰＯ法人地球生物会議ＡＬＩＶＥが集計した『全国動物行政アンケート結果報告書』によると、平成25年、全国動物行政に収容された犬の数は１年間で６万３５５５頭でした。このうち殺処分数は２万９３８３頭です。猫の収容数は12万７６４４頭で、うち殺処分数は10万６６４６頭でした（ＮＰＯ法人地球生物会議ＡＬＩＶＥホームページより）。

調査元は異なりますが、日本では少なくともこの40年間で、猫の殺処分数は１・７倍に増加しているものの、犬の殺処分数については40分の１にまで激減しているのは一定の成果といえるでしょう。

しかし、肝心の犬や猫たちの扱いについてはどうでしょうか。安易に諸外国の状況と比較することはできませんが、少なくとも動物愛護の先進国では日本のような二酸化炭素ガスを用いた殺処分ではなく、医師の手で静かに死に至らしめる「安楽死」が主流なのです。

次に、保健所／動物愛護センターに収容された動物の扱いについて述べることにします。

保健所／動物愛護センター

放浪犬や野良犬が発見されると、専門の捕獲員が派遣され、罠《わな》を仕掛けたり、追いつめた犬の首にワイヤーループをひっかけたりして捕まえ、トラックに放り込みます。空調設備もないトラックでは、多数の犬を一緒に運ぶために、犬が途中でひどく傷ついたり、命を落としたりするケースも珍しくありません。

私が初めて日本に来たころ、自治体職員は捕獲できない野生動物を処分するために郊外に猛毒の硝酸ストリキニーネを蒔《ま》いていました。野生動物や野鳥だけでなく、ペットの犬猫が毒殺される例も少なくありませんでした。

収容から殺処分まで

保健所／動物愛護センターに収容された犬は、所有者の返還請求がない限り、出所する例はまずないことをご存じでしょうか。収容されて3〜5日も経過すると、二酸化炭素ガスによって殺処分されるのが普通です。体の大きさによって違いますが、1頭の犬が息絶えるのにかかる時間はだいたい20〜30分といわれています。つまり、犬や猫は30分近くも苦痛に耐えつづけなければならないということです。

多くの保健所／動物愛護センターは完全自動システムを備え、動物はガス室から焼却炉へとボタン一つで送られるしくみになっています。死亡しているか獣医師によるチェックはなく、操作員がモニターで監視するだけです。人を咬んで収容された犬は、狂犬病ウイルス抗体を調べるために2週間係留されたあとで殺されます。

過去には、より原始的な方法も行われ、減圧による窒息死や高圧電流を流す電気殺、地方によっては棍棒《こんぼう》による撲殺も珍しくありませんでした。保健所／動物愛護センターに常駐する獣医師が動物を触ることはほとんどなく、ましてや健康状態のチェックや安楽死処置をすることなどありません。

保健所／動物愛護センターの「近代化」が進んだ今日、入所から死に至るまで、犬の体には触れずに全自動で処理することが可能となりました。すべてコンピューター制御で、操作員の仕事はガス注入のボタンを押すだけです。職員にとって簡単な作業で相当な心理的ストレスを軽減するという理由で設計されたにしても、動物の待遇改善には何の役にも立たないのです。

次に、以前アークのニュースレターに掲載した動物愛護センターに関する私の論説の一部を紹介します。


近年、従来の保健所の動物管理施設は、動物愛護センターと称する多額の税金を投入した立派な施設に様変わりしています。日本各地にある動物愛護センターに共通する奇抜な意匠や設計を考え出したのは、いったいどんな部署の誰なのでしょうか。そう思わずにはいられません。どこも似たり寄ったりで、テーマパーク風の外観が訪問者を迎えますが、実際のところは動物を殺処分する施設に変わりはないのです。税金で運営されているというのに、一般市民の殺処分する場所への立ち入りは原則禁止です。これらの動物愛護センターはまた、一般の獣医師がうらやむほどの最新式の獣医療機器を備えています。しかしこうした設備も、たいして利用されることもなく、保健所／動物愛護センターに勤務する獣医師は書類を処理するだけの役回りに甘んじています。

次に、２００８年３月に私と同行者が訪問した徳島県動物愛護管理センターの様子を紹介します。この施設は、２００３年、徳島県が名西郡神山町に23億円という巨額を投じて建設したものです。

徳島県動物愛護管理センターの場合、私たちが訪問したときは祝日にもかかわらず来訪者はまばらでした。他の施設同様、そこで働く職員の利便性を第一に、動物には大きな苦痛をもたらす構造でした。

濡れたコンクリートの床から逃れる棚も台もなくすべりやすい床は足が弱った老犬には危険なうえ、天井の換気扇からは冷たい風が絶えず吹き出しています。動物が気持ち良く眠れるように床暖房を設置したとしても、大したお金がかかるとも思えません。なぜ犬が野生動物のように扱われなければならないのでしょうか。確かに、なかには凶暴な野犬もいるでしょう。だとしても、大部分はおとなしい元ペットです。何の落ち度もない動物がこのような悲惨な場所で最期を迎えるとはどういうことでしょうか。

私たちが訪れたときには、折しも顎に大きな腫瘍のできた犬が収容されたばかりでした。同行したメイヒュー・アニマルホーム（1886年に飼い主のいない犬猫の保護を目的として設立された英国の動物保護団体）の看護士ジリアン・スコットさんは「メイヒュー・アニマルホームなら直ちに安楽死させて楽にしてあげるのですが」と顔を曇らせました。しかし、気の毒なことに、規程があるため止むを得ないこととはいえ、この犬も飼い主が引き取りに来るかもしれないという理由で7日間も苦痛に耐えた末に殺されなければならなかったのです。

（エリザベス・オリバー「税金投入は〝死を待つ人〟の救いとなるのか―動物管理システムの抜本的改善こそ急務」NL70号、2008年、内容を一部変更）

ただし、2015年2月2日付の『徳島新聞』記事「県が災害救助犬育成　知事会見、愛護センターの犬活用」によると、徳島県の最近の取り組みには変化も見られます。

県は動物愛護管理センターで保護した犬を災害救助犬に育てる取り組みを始めるほか、殺処分ゼロへの取り組みを推進する活動を行っているようです。殺処分数も2012年度の1534匹から2014年度は607匹（11月末時点）に減少し、いまだ多くの犬が殺処分されている現実はあるものの、変化は数字上でも認められます。

人々のこの問題に関する問題意識が高まるにつれ、近年、全国的にも行政が殺処分を減らそうとする動きが起きています。まだまだ十分と言えるほどではないにせよ、よいニュースであることには間違いありません。

愛護のジレンマが生んだ移動ガス室

動物愛護センターの建設にあたり、行政当局では「愛護」という婉曲《えんきょく》表現が実態を隠すことを認識しているためにジレンマに陥ります。動物愛護センターが、実際には不用になったペットや所有者不明の動物を回収して殺処分するところだからです。動物愛護先進国ではこれらの動物は新しい家庭に譲渡されるのが一般的なのですが、日本では、そのチャンスがこれまで皆無に等しかったのです。

人々は「動物処理施設」が近所に建設されることには反対しても、収容動物を自宅に引き取る気はなく、ペットショップの動物を選びます。その挙句に、可愛くなくなった、病気だから、飽きたなどの理由で捨ててしまうのです。施設建設に反対しながら利用する。実に矛盾した、身勝手な行動ではありませんか。

前出の徳島県動物愛護管理センターの場合、建設に際し、動物を殺す施設の建設は認めないと地元の猛反発にあったため、県は住民の了解を得るために「施設内で殺さない」ことを約束しました。このため、2003年の施設完成後も、この約束に反しないで動物をどう殺処分するかという難問が残っていました。そこで提案されたのが「移動ガス室」でした。いずれ殺処分される運命にある動物を詰め込んだ箱を積載したトラックを移動式の処分場にするのです。火葬場に向かう途中で運転手がボタンを押すと、二酸化炭素ガスが噴出して、約1時間後、車が目的地に着くころには動物はすべて絶命しているというしくみです。

また奈良市は、長年、不用動物の殺処分を奈良県に頼ってきましたが、2008年に宇《う》陀《だ》市に新しい動物愛護センターの建設を決めた県から「地元住民の反対もあり、今後は市の動物殺処分には協力できない」と通告されました。あわてた奈良市は、急いで移動式ガス室を買い求めました。購入価格は、わずか4500万円です（『朝日新聞』2010年2月20日）。固定施設の建設にかかる巨額の費用に比べると、まさに安い買い物でした。

「積み荷」が目的地の焼却炉に放り込まれるまでに、全頭の死亡を獣医師ならぬ移動車の運転手がチェックできるのか大いに疑問です。

次に述べるのは、私が福岡市の保健所で行われた譲渡会で実際に見聞きした事柄です。

日本の譲渡会の課題

2013年2月、私は福岡市の保健所で行われた犬の譲渡会を見学しました。

午前9時、ケージに入った子犬が数匹（なかには生後1カ月の幼犬も含まれていました）、玄関先のテーブル上に展示されました。譲渡会は1時間もあとの午前10時から始まります。特に冷たい風が吹く日だというのに、幼い子犬を暖かい建物内から連れ出して寒気にさらすのはもっとも危険なことです。子犬たちはケージの隅に体を押しつけて必死に寒さを避けようとしていました。風除けに毛布などを掛けてあげるという配慮もありません。私がそのことを指摘したため、ケージは人々が集まって来るまで建物のなかに移されました。

この譲渡会で、面接をする前に里親希望者に子犬を見せたことは間違いだったと私は考えています。やってきた人は皆、子犬に優しく話しかけます。ペットショップで衝動買いをあおる手法と似ています。

展示のあと、参加者全員が建物内で約1時間のレクチャーを受けましたが、職員の話は犬の飼育に必要なメッセージをもれなく含んだ適切なものでした。ですから「この後、里親希望者一人ひとりと面接するのだろう」と思っていましたが、実際は違いました。希望者が子犬の数よりも多かったために、職員が数字を書いた紙を帽子のなかに入れ、当たりナンバーを取った人をその犬をもらえる「当選者」として選んだのです。子犬の大部分は予防接種を完全には済ませていませんでしたし、避妊・去勢手術を受けた犬も皆無でした。

私がこれまでに訪問したことのある動物愛護センターのなかで、里親に譲渡する前に犬猫にきちんと避妊・去勢手術を済ませていたのは、長野県動物愛護センター「ハローアニマル」だけでした（2008年当時）。長野県が実施できるのなら、他県でも可能ではないでしょうか。

ここまで遺棄動物の処遇について書いてきましたが、日本の動物愛護センターすべてが暗い話題しかないわけではありません。例えば、「熊本市動物愛護センター」は、子犬だけでなく、成犬の里親探しにも熱心に取り組む全国初の組織です。ちなみに全国でも古いタイプの施設の多くで殺処分設備の老朽化が進む今、そこで働く獣医師たちが新しい役目を担おうとする動きも見られます。世界中の動物福祉先進国が推奨、実践している致死注射による安楽死について検討を始めているのです。

ホーダーとは

日本に限らず、人はときには個人や家族の事情、または経済的な困窮など様々な理由からペットを手放さざるを得ない事態に直面します。

先進諸国の場合、動物福祉団体が運営する民間シェルターが行き場のないペットを引き取る受け皿の役割を果たします。ただし各施設の方針や事情によって受け入れ動物の処遇は異なります。新しい家庭に迎えられる動物、病気の回復や里親に出会う見込みのない老齢動物を終生保護するサンクチュアリに入る動物、健康上または気質上の理由から安楽死処分となる動物など様々です。しかし人々は、たとえペットを放棄する状況に陥ったとしても、その動物には「セカンドチャンス」があることを知っています。

先述のように、行政機関である日本の保健所／動物愛護センターは、少なくともこれまでは動物をまるでゴミでも扱うかのように処理するだけでした。しかも、その動物にとっての最善策を検討したうえで決断した安楽死ではなく、市民の目に触れないガス室で殺処分されます。いったん収容施設に入った動物が、生きて再び外に出ることはほとんどありませんでした。

19ページでも少し触れましたが、「ホーダー」とは、自宅などに限度をはるかに超えた数の動物を収集し、普通のペットの飼い主として求められる一般的な最低限の世話（清潔な環境の維持、糞尿《ふんにょう》処理、適切かつ十分な餌やりや水分補給）さえ十分にできていない状態にある人のことです。

これらのホーダーが行き場を失った動物を際限なくため込めるのは次のような事情があるからです。捨てるか、保健所／動物愛護センターに持ち込むか。冷厳な現実に直面した飼い主はホーダーという命綱にすがろうとします。確実な死よりは、生き残る可能性に賭《か》けたいからです。しかし現実には、たとえ生き延びたとしても、生ける屍にほかなりません。

そして、動物福祉関連の法整備が進展せず、RSPCAのような動物虐待を扱う専門機関や国際的な動物福祉基準に則《のっと》ったシェルターがなく、一方で飼い主によるペットの遺棄が多い日本のような国では、「ホーダー」が非常に多いのが現実です。

ホーダーの実態──ある女性ホーダーの例

ホーダーは日本だけでなくどこの国にも存在し、例外なく同じような特質を備えています。ここで、かつてアークが扱ったホーダーの実例を紹介したいと思います。

それは、1件の交通事故から始まりました。トラックがミニバンに衝突して逃走し、ミニバンに乗っていた女性が頭に重傷を負って植物状態になってしまいました。ところが、警察にとっては統計の1件にすぎないこの事故の陰には、もっと恐ろしい話が隠されていたのです。

被害者の女性はホーダーでした。10年以上前に野良犬や野良猫を集め始めて以来、どうにもやめられなかったようです。収容スペースもお金もなくなり、もはや自身の世話でさえできない有り様でした。犬猫の飼育に欠かせない避妊・去勢手術代も払えないので、動物はどんどん増殖をつづけました。

この女性の件で、警察は私たちに助けを求めました。というよりも、その場に踏み込むのが恐いので動物を何とかしてほしいと依頼してきたのです。最悪の事態を危惧した私たちが目にしたのは想像をはるかに絶する光景でした。

推定90頭以上の犬と、少なくとも5、6匹の猫が腐敗したゴミの山のなかに閉じ込められていました。「食うか食われるか」という表現がいかにも真実味を帯びて迫ってきました。飢えた動物は弱者を襲うものです。脚の付け根にひどい裂傷を負った1頭の犬が建物の下にはさまって虫の息でした。この犬は早急に安楽死させる必要がありました。

2階建てのプレハブにはところ狭しと置かれたケージがあり、そこには病気や衰弱した犬が収容されていました。一方で、ケージから脱出した動物は散らばったガラクタのなかを自在に走り回っていました。太陽の光が差し込まない1階の床にいた犬たちは、どれもアカラス（皮下に寄生するダニによる皮膚炎）にかかっていました。アカラスはどの犬にも潜伏しますが、よほどの悪条件でなければ発症することはありません。しかし、いったん発症すると治療は困難です。

このような事件が起きた場合、ほかの先進諸国なら警察と動物保護管理局や英国のRSPCA、米国の「ヒューメイン・ソサエティ」などの民間シェルターが一斉に現場に出向き、すべての動物を1日で救出するはずです。里親に引き渡す動物、リハビリが必要な動物、安楽死が必要な動物など、保護された動物たちは、適切な判断によって分類されます。この種のケースには法律が適用されますし、日本のように事態が混乱して収拾がつかなくなることなど考えられないのが一般的です。動物の幸せを何よりも重視するため、迅速に、しかも人道的に処理され、ホーダーは動物虐待のかどで起訴されます。

ひるがえって、日本ではどうでしょうか。事態は何も進展しません。警察は手をこまねき、行政当局も知らん顔することが多いのが現状です。そもそも日本の自治体にはこのような事例を扱うべき動物福祉関連の部署がないのですから、行政の態度は当然かもしれません。

代わりに対応を任されるのが無力な小組織にすぎない民間シェルターです。私たちは施設がすでに犬猫で飽和状態のときも、目の前で苦しむ動物を何とかして救いたいと悪戦苦闘してきました。しかし、動物を安楽死させれば、世間の非難を招くことになります。収容場所もなく、社会性の欠如と病気のために里親も望めないという事情はなかなか理解されません。一体、彼らのケアに必要な場所と時間的余裕はどこにあるのでしょうか。ましてや健康体に戻すためにかかる莫大《ばくだい》な医療費を誰が負担できるのでしょう。どこの国でも、「すべての動物を助けなければ」という感傷主義に走る人は必ず出てきます。しかし、こうした主張をする人たちは、動物が必死で助けを求めているときに、一体、どこで、何をしているのでしょうか。

今なおホーダーは一定数存在し、ひそかに増えつづけている可能性もあります。彼らが動物を放置して姿を消すか、亡くなるか、能力を失わない限り、事態が明るみに出ることはありません。しかしそうなったときはすでに遅し、あとの祭りなのです。

日本のホーダー対策に必要なものは何でしょうか。それは、強いリーダーシップを発揮できるＲＳＰＣＡのような組織です。そのうえで、アークのようなＮＰＯシェルター、警察、行政がそれぞれの役割をしっかりと担いつつ、協力しあえるシステムを構築することが、問題解決の決め手になると私は考えています。

野良犬・迷子犬対策――日本と英国の違い

日英ともに動物を専門に扱う行政部門がないという点では大きな差はないものの、行政が保護した動物のその後という点では大きな違いがあります。

英国には保健所／動物愛護センターのような行政機関はありませんが、地方自治体はドッグ・ウォーデンを雇っています。犬の多くは市民によって持ち込まれますが、警察が連れて来ることもあります。これらの犬は、所有者が見つかる可能性を考慮して、7日間保護されます。犬たちは地方自治体の公営シェルターに保護されることもありますが、通常は地元の民間動物福祉団体の運営するシェルターで一時保護されます。7日が経過すると、これらの犬はアセスメント（審査）とリホーミングのための施設に移されます。ドッグ・ウォーデンのホームページには迷子犬のデータベースが公開されているので、飼い主は迷子になった愛犬について調べることができるようになっています。また、ドッグ・ウォーデンは、一般の人向けに責任あるペットの飼い方について啓蒙活動を行ったり、学校へ講演に出かけたりもします。

ドッグズ・トラストの資料によると、2013〜2014年に、英国の自治体が保護した犬の数は11万675頭と推定され、このうちの50％は元の飼い主のところに戻り、7％（7747頭）が行動上の問題や病気のため安楽死させられています。約26％の犬は里親探しのため動物保護団体に引き取られました。また、飼い主の元に無事に戻れた犬の約半数は飼い主が当局に問いあわせたことによるもので、残りの半数のほとんどは、マイクロチップ、あるいは迷子札のおかげです（http://www.dogstrust.org.uk/whats-happening/news/stray%20dogs%202014%20report.pdf）。

増加する野良猫

ここで、猫についても書いておきましょう。

日本人は猫派よりも犬派が多いように感じますが、これは犬を散歩させる人の姿が目立つのに対し、猫は散歩させる必要がないし、飼っている人は動物病院に猫を連れていくことを除いて外に連れて出ることがないため、そう感じるのかもしれません。猫はもともとネズミ捕りのために農家で飼われていたもので、ペットとして登場したのは比較的最近のことです。日本人は猫について迷信深く、とりわけ尻尾の長い黒猫は嫌がられていました。長い尻尾は不吉だとして切る風習もあったと聞きます。自然は仕返しをするもので、最近生まれつき尻尾の短い子猫が多いのはそのせいでしょうか。

さて、野良犬の数は減少しているのに、野良猫は増加する一方です。とくに都会では異常繁殖しています。残飯などの食べ物が大量にあり、餌をくれる「親切な人」がいるからですが、これらの人々のほとんどは避妊の面倒までは見ないため、猫は増殖をつづけ、隣近所に迷惑をかけるという図式です。全国の犬猫の殺処分数においても、犬が2万9383頭であるのに対して、猫は10万6092頭となっています（68ページ参照）。

ぎっしりと家が立ち並ぶ日本は隣家との間隔がほんのわずかしかありません。庭はないか、あっても狭いので、猫の散歩先は近所の家の庭か公園です。そのため外を出歩く猫には様々な危険が待ち構えています。交通事故、猫嫌いの人々がまく毒、猫さらいが仕掛けた罠などです。人馴《ひとな》れした猫ほど虐待を受ける可能性が高くなります。危害を加える連中から逃れる術《すべ》を心得た野生猫よりも、飼い猫が被害に遭いやすいのです。

有効な野良猫対策「TNR」

野良猫対策として多くの国が採用する方法の一つに、米国発祥の「TNR」があります。TNRは、Trap（安全に捕獲する）、Neuter（避妊・去勢手術を行う）、Return（元の場所に戻す）の略で、ある地区に生息する野良猫を捕獲して避妊・去勢手術をしたのち、元の場所に戻す取り組みです。この方法によって野良猫の数を減らすことができます。TNRの分野では、米国の野良猫対策に取り組む「アレー・キャット・アライズ」と、低料金で避妊・去勢手術を推進している「SpayUSA」がリーダーです。

TNR運動を成功させるには、地元住民の協力と、猫に食餌《しょくじ》と住まいを提供し、地域を清潔に保つ世話人の存在が不可欠です。また、地域が猫のために安全な場所であることや、健康な猫だけを元の場所に戻すことも重要です。諸外国では、猫を捕獲して避妊・去勢手術をさせるために病院へ運ぶのはボランティアの仕事です。

手術をした猫には片方の耳先に切り込みを入れて、避妊・去勢手術が終了した目印にし、同じ猫が間違って再捕獲、手術されるのを防ぎます。一つのコロニーに生息する猫の数が安定すれば増殖は抑えられます。年老いた猫はやがて死ぬからです。行政も、現時点ではTNRが野良猫数を減らせるもっとも有効な手段で、捕獲して殺す従来のやり方よりもずっと費用効果が高いと認めています。

しかし、日本でTNRの受け入れを地域住民に説得するのは簡単ではありません。野良猫を厄介者と見なし、何としても駆除したいと望む人が多いからです。また、通常、野良猫に餌をやる猫好きの人々は夜間ひそかに行動するなど人目を忍びがちです。彼らが公の場に出てTNR活動に参加することはないでしょう。自治体の職員も、犬の場合と異なり、問題がどんなに深刻でもわざわざ猫の捕獲に出向くことはありません。

一方で、動物愛護センターに預けられた猫の多くはガス処分されます。私が過去に見学したことのあるセンターでは成猫は麻袋に、子猫はポリ袋に入れられてぎゅうぎゅう詰めにされているのを見かけました。また、ポリ袋の底のほうに入れられた猫は二酸化炭素ガスを吸引するまでもなく窒息死しているケースを目にすることもありました。

麻袋ではなく小型ケージに収容されたとしても、惨状は同じです。トイレも寝床もないまま散水によって排泄物と食べ残しを洗い流すので、冬場などは凍死する猫もいたようです。私が見学した当時は、もちろん、成猫、幼猫を問わず、飼い主募集などの取り組みもほとんど行われていませんでした。

2010年1月、高知県の「中央小動物管理センター」を訪問した際に目撃したのは、不用物扱いされた猫の哀れな最期でした。

私たちが立ち去ろうとしたとき、どこからか子猫の声が聞こえました。「ここに猫もいるのですか？」と質問すると、職員はスチール製ボックスの重い蓋を開けて見せました。ボックスの隅のほうに、ゴミ袋のように口を結んだ透明のビニール袋が置かれ、なかには小さな子猫数匹の姿が見えました。

「この子たちは、いつからここに入っているのですか？」と尋ねても、誰にも答えられません。「いつ殺すのですか？」と聞くと、少し間があり、「箱いっぱいになったら」と言うだけでした。

春と夏ならすぐに満杯になっても、冬の間は何日もかかるのでしょう。こうして、目の前の小さな子猫たちはゴミ袋のなかに放置され、鳴きつづけながらゆっくりと死んでいくのです。近隣の獣医師に安楽死を頼むわけにはいかないのでしょうか。暖かい部屋に連れて行き、食べ物をあげようという人はいないのでしょうか。この場合、安楽死処置を依頼されても獣医師は応じないでしょうし、第一お金もかかります。

その後、高知県は、2010年当時はなかった猫の飼養施設を2014年に設置し、猫の譲渡事業を実施するとともに、期間限定ではありますが、都道府県では初めてとなる雌猫の不妊手術の費用を一部負担する事業を開始し、わずかながら一歩を踏み出す努力を始めています。他の都道府県でも同様の取り組みが積極的に行われることを強く望みます。

日本の飼い猫は厳しい飼育環境に置かれています。日本では、家同士が隣接しており、庭がないことも多く、あっても文字通り猫の額程度の広さしかありません。家の外に出られる猫は近隣で用を足すことになり、これがご近所トラブルの元になってしまいます。人懐こい猫は猫嫌いの人の格好の標的にされてしまい、虐待にあったりもします。また、道路が家屋に近接しているため、交通事故も深刻な問題です。

一方、海外の多くの国では、ほとんどの飼い猫が家の内外を気ままに行き来できる環境にあります。家の庭だけでも十分な運動ができ、本来の狩猟本能を十分に発揮できるからです。

ですからアークの猫を里親家庭に譲渡するときも、家のなかで飼うように、また1匹よりも2匹で飼うのが望ましいと勧めています。互いが仲間となって一緒に遊べるからです。猫の飼育には、室内環境を整え、外の景色が映る鏡、よじ登ったり隠れたりできる用具、爪とぎ場所などの工夫が欠かせません。十分に運動できる空間を提供するなど、肥満防止対策も必要なのです。

求められる行政の意識改革

これまで述べてきた通り、従来の保健所／動物愛護センターのあり方には様々な問題があります。これらの問題は端的に言うと、各自治体にある保健所／動物愛護センターが保護動物をどう扱うかという根本的な問題に集約されます。理想的には、英国のシェルターのように、保護した動物を専門の審査員が個別に審査すべきです。ところが、日本にその種の専門家はいません。少なくとも保健所／動物愛護センターにはいないのです。

また、保護された動物は、審査が済むまですでに審査の済んだ動物と隔離して別個に管理されなければなりません。日本の現状では、あらゆるサイズ、容姿、年齢、品種の動物が、入所日ごとに抑留室に収容されています。このような状態で動物の適性審査をすることは不可能です。

さらに、英国と異なり、日本は人里離れた地域に多数の野犬がいます。野犬は注意深く扱い、ペットには向かない動物として、飼い主が持ち込むペットや明らかに人馴れした動物と区別する必要があります。

かつて、アークは大阪府の動物管理指導所から保護犬を12頭引き取る許可を得たことがあります。それは最初で最後の経験だったのですが、50頭を超える犬のなかから12頭を選び出すのに許された時間はわずか5分でした。当然、私たちが選べたのは、尻尾を振って檻の前方に出てくる犬たちです。

職員は指定された犬をどう猛な野犬狩りに使う捕獲ポールでひっかけて外へ放り出し、私たちが用意したケージに入れたのです。犬の扱いに慣れた私たちなら難なく檻に入って穏やかに犬を連れ出すことができたでしょう。保健所／動物愛護センター職員が正しい犬の扱い方を熟知するまでは、もっとも従順な犬でも脅えて凶暴になるに違いありません。

ちなみにアークに連れ帰った12匹は、何ら飼育上でのトラブルはなく、避妊・去勢手術を済ませると9匹に譲渡先が見つかりました。私たちはすぐに新しい飼い主に関する必要事項、写真、それにマイクロチップ番号、登録証明書などの情報を大阪府に報告しました。喜ばれたと思いますか。いいえ、とんでもありません。

なぜなら9匹のうち、大阪府の住人に譲渡された犬は皆無で、すべてが近接する京都府や兵庫県の家庭に引き取られていたからです。管轄外の他府県に犬が譲渡されていくことをよしとしない。何というお役所主義でしょう。同じ日本ではありませんか。コーロッパの場合、犬は国境を越えて輸送されるのが普通です。スペインの犬がスウェーデンに、ルーマニアやギリシャからドイツへというように国境を越えて引き取られていきます。12匹のうち、残る3匹は、大阪府民に譲渡できました。

今後さらに日本各地に多くの動物愛護センターが建設される前に、動物管理に携わる自治体職員は海外のシェルターを訪問し、動物がどのように保護され、扱われているか、またどんな審査を行っているかなど、つぶさに視察して意識改革をすべきでしょう。まず現行のガス室を廃止し、致死注射による安楽死を獣医師に任せるシステムを作ることが必要です。熊本市がほかの自治体に先立って二酸化炭素ガスによる殺処分を止め、持ち込まれた動物の里親募集を積極的に進めているのは喜ばしい限りです。願わくは、多くの自治体が熊本市の例にならってあとにつづいてほしいものです。

ペットを飼う前に考慮すべきこと

人間関係、破産、老齢に伴う問題、病気、そして死に至るまで、人生には様々な変化がつきものです。ペットをほしいと思う方は、自分に向いたペットを選ぶ前に、まず、現在の自分の状況、家族、ライフスタイルを注視する必要があります。捨て犬・捨て猫を作らないために、そもそも動物を飼うべきかどうか、根本的に問い直すことから始めます。ペット（犬や猫）を飼いたいと思ったら、事前に次の点について十分に検討します。

- あなたがペットを飼うことに家族全員が賛成していますか？
- ペットの世話をする時間が十分にありますか？
- あなたがた夫婦が仕事に出かけ、子どもが学校にいる間、ペットの世話をする人がいますか？

●家族旅行に出かけるとき、ペットをどうするかについて、ペットのことを一番に考えた解決策について真剣に考えていますか？
●ペットを飼うだけの居住空間と要件が整っていますか？
●犬を飼う場合、あなたと家族は愛犬と一緒に十分運動ができますか？
●ペット飼育には食餌代、美容代、ホテル代のほか、獣医師への支払いなど相当な出費がともなうことを覚悟していますか？

右の質問に対する答えが一つでも「ノー」の方は、ペットを飼おうと思わないことです。家族全員が忙しすぎる場合は、手のかからない亀、魚、蛇などを選ぶ方が賢明です。犬は面倒だから猫にしようと思う方は、2匹飼うのがお勧めです。家族の留守中、一緒に仲良く遊んでくれるからです。犬と違って猫は自立心が強いので愛情をせがむこともないでしょう。もっとも人に甘えたがる猫もいますが。

上記の条件をチェックした結果、犬を飼うだけの時間と空間、運動時間と経済力が十分にあり、家族全員が賛成だから大丈夫という方、それではあなたにあうのはどんな犬でしょう。

犬種の特徴を知る

19世紀半ばまで、犬は、狩猟、羊の群れを集める、家畜を守る、動物を追うなど一定の役割をもって飼われていました。現在飼われている犬も、すべてそれぞれのタイプの子孫です。選択的繁殖の結果、姿や大きさに変化はあっても本来の習性は残っています。

例えばテリア（terrier）の語源は「土」を意味するラテン語の"terra"です。つまり、テリア種は土を掘ってうさぎなどを見つける役目をする攻撃的な小型犬です。そのためテリアの飼育には用心が必要です。テリアは家のなかの物を壊したり、庭の土を掘り起こしたりするかもしれないからです。

同様に、ラブラドールなどのレトリーバ種は、撃ち落とした鳥を水中から回収する働きをした犬なので水に濡れるのが大好きです。プードルも川での狩猟用に使われていたので、彼らの胴と脚のヘアカットはファッションではなく、泳ぎやすさや水中での浮力と体温維持を考慮したものです。コーギーは英国ウェールズ地方の農場から市場まで牛の群れを追う牧畜犬で、牛の踵《かかと》を噛《か》んで移動させていました。そのためコーギーは人を噛むのが好きです。

このように、猟犬と牧羊犬は大変な運動量が必要です。毎日1時間のジョギングをしたくない人は猟犬のことは忘れた方が賢明です。同様に、ボーダーコリーも羊の群れを移動させる牧羊犬で、毎日100キロも走りまわる大変行動的な犬種なので、運動が苦手な方にはお勧めできません。

純血種ではなく、雑種犬を選ぶという選択があります。雑種犬はすべてサイズも毛色や模様も「オンリーワン」です。それぞれが特別の性格を持っています。まったく同じ犬はほかにいません。

どこから新しい家族（ペット）を迎えるか

事前に前述の検討すべき点をクリアし、犬を受け入れる準備ができているとして、それではお目当ての犬をどこで見つけるのがよいでしょうか。

1　民間シェルターや自治体の動物愛護センターから譲り受ける

自治体の動物愛護センターから犬を引き取れば、確かにその犬の命を救うことができます。しかし、これらの動物収容施設は状態が劣悪なところが多いうえ、里親譲渡のための審査ができる専門家がいないため、引き取った犬に後々問題が起きる可能性があります。だからといって、公営の動物愛護センターは避けた方がいいと言っているのではありません。ただ、引き取った犬を家族と家庭に順応させるのに多少苦労するかもしれないということです。

一方、信頼にたるきちんとした民間シェルターなら、飼い主と家族のライフスタイルに応じて最適の犬を選ぶことができます。担当スタッフが犬の習性や性格を熟知しているので、将来起こり得る問題についての適切な助言もできます。

私たちは里親に連れられてシェルターを去っていく動物と縁を切るわけではありません。いなくなってからも、ずっとその子のことを思っています。彼らのことを思い出し、最期まで気にかけています。アニマルシェルターは、営利を求めるところではなく、里親に引き取られた犬猫が安全な家庭で終生幸せに暮らすことを何よりも願っている施設です。例えばアークでは、たとえ1日でもアークに在籍した保護動物については、動物ごとに保護の経緯や医療履歴などのカルテを含めて詳細な記録を残し、データベース化して、いつでも検索可能な状態で記録を残しています。

2　ブリーダーから買う

特定の犬種に的を絞ったら、ブリーダーから購入するのが適切です。ただし、良心的なブリーダーに限ります。よいブリーダーは無責任に誰にでも自分の犬を売りたがるようなことはしません。優秀な犬を作り出すことに喜びを見出す彼らは金儲《かねもう》けのための繁殖をしないからです。よいブリーダーなら、親犬を含めすべての犬を喜んで見せてくれるはずです。

あなたが子犬を希望している場合、必ず母親と父親の両方を見せてもらってください。子犬は両親の性格と気質を受け継ぎます。ブリーダーが子犬の片親または両親を見せたがらないときは、親を見せてくれる別のブリーダーをあたればよいのです。

3　ペットショップから買う

ペットショップでの購入はお勧めできません。よい犬はブリーダーが自分用に残すことが多いからです。ペットショップで売られている子犬のなかには、パピーミル（子犬製造工場）で「繁殖マシン」として酷使されている雌犬が産んだものも少なくありません。幼いうちに母親から離される子犬は免疫もなく、きょうだいと遊ぶ機会を奪われるため社会性に欠けています。この種の子犬は精神的ダメージを受けたまま成長し、健康問題を起こしがちです。飼い主は、将来、問題行動や高額な治療費に悩むことになるかもしれません。

ペットを飼いたくても家族の都合で難しい、少なくとも当分は無理だという方も、動物との触れあいを楽しみ、しかも志を役立てられる方法があります。例えばアークには、次に紹介するような、ボランティア制度、動物を一時的に養育するフォスターホーム制度、スポンサー制度、寄付による援助など様々な方法が用意されています。詳細については、アークのホームページ（http://www.arkbark.net/?q=ja）をご覧ください。

*ボランティア制度：アークはボランティアの方々を歓迎しています。時間のあるときに犬を散歩させたい方、猫に囲まれて過ごしたい方、どうぞご連絡ください。

*フォスターホーム制度：一時預かり制度で、非常に人気があります。とくに、定期間しか日本に滞在しない外国人に好評です。転勤などでいずれ移動が予想される日本人にも向いています。この制度を利用して一時的に預かっていた動物を自宅に引き取る人もいます。

*スポンサー制度：里親募集はしているが、老齢や持病があるために里親が見つかりにくく、アークでの生活が長期にわたると予想される動物を「スポンサーアニマル」に指定しています。特定の犬猫のスポンサーになれば、好きなときにアークに来て「私のペット」と1時間でも2時間でも一緒に過ごすことができます。日々の世話はアークが引き受けますから、あなた自身は日常の世話や健康管理の手間も責任もかからず飼い主気分を味わえる制度です。

*寄付による援助：右の諸制度を利用するには忙しすぎても、アークを支援することで家のない動物の役に立ちたいと思う方もいるでしょう。アークは現金や現物による寄付を

いつでも歓迎しています。そして、アークに足を運んで、その志がどのように活《い》かされているかご自分の目で確認していただければ幸いです。

第３章　犬猫の里親になろう

日本人は「子犬」が大好き

日本人は「子犬」が大好きです。前にも述べたように、英国などの先進諸国では、人々は動物福祉団体が運営するシェルターから成犬を譲り受けるのが一般的ですが、日本では、ペットショップで可愛い子犬・子猫を品定めして購入を決めるのが一般的です。

一握りの優良ブリーダーを除き、日本のブリーダーが繁殖に使う動物は、まるで繁殖マシンのようです。動物たちは早くから繰り返し繁殖に使われるので寿命は短く、日の当たらない狭いケージに生涯収容されるために若くして歯がボロボロになり、身体は衰弱する一方です。繁殖能力を失った動物たちはその後どこへ行くのでしょうか。噂《うわさ》はありますが、誰も知りません。日本人にとってもっとも身近なペット購入先であるペットショップも、経営的には、扱っている動物すべてが売れなくても、一定の売上が確保できれば、売れ残った動物があっても利益がでると言われています。

また、日本のペットショップで販売される子犬の多くが生後間もない犬です。購入希望者は、子犬は可愛いし、しつけも簡単でなつきやすいと考えるからです。そのため日本では成犬よりも子犬の方が人気があります。

しかし、子犬にとって何よりも大切なのは社会化訓練です。これは本来、生後1〜4カ月の期間になされ、最初は母犬やきょうだい犬との間で、ついで人間家族との間で学んでいくものです。子犬も、子猫も、自然に乳離れをする生後2カ月ごろまでは人間ではなく親きょうだいと一緒に過ごすべきなのです。したがって、犬や猫が家庭に入る理想的な時期は生後3カ月となります。そのころには予防注射による免疫もできていますし、何よりも新しい生活になじむだけの順応性をもつようになるからです。

ところが、日本のペットショップでは、社会化訓練にとって大事な時期であるにもかかわらず幼齢動物が販売されているという現実があります。そのために、子犬や子猫は生後1カ月で母親から離され、たいていの場合は遠隔地で競売にかけられ、ペットショップに入ると何も知らない客に売られるのです。

こうした扱いを受ける犬は、当然ながらストレスに苦しみ、また飼い主に引き取られても免疫がないためわずか数日で病気にかかるケースも少なくありません。購入した動物が死んでも店は返金に応じることなく、代わりの動物を差し出して事を収めようとすることもあると聞いています。また、店が渡す血統書にも問題があると聞き及んでいます。

無節操な繁殖で燃え尽きる犬たち

長引く不況下にあって、ブリーダー、ペットショップを含むペット業界全体が市場競争にしのぎを削っています。さらに、インターネット時代を迎えてこの業界に参入したネット通販業者は従来型の店舗販売に比べて間接費用がかかりません。日単位で劇的に売値を下げるなどネット上での価格競争が熾烈さを増しています。日本では純血種の子犬が信じられないほどの安価で提供されるケースもあり、驚きを禁じ得ません。ちなみに、２０１４年12月には、生後７カ月のペキニーズが、とあるペットショップで１０００円で売られていたと聞き及んでいます。

ペットショップの多くが華やかなインテリアで客を誘い込むのに対して、人目につきにくい繁殖施設は、これとは対照的に、不潔で、狭苦しい、悲惨なところが多いものです。アークは、これまでにブリーダーが遺棄した不用動物やブリーダーから救出された動物を何度も受け入れてきましたが、このような悪質ブリーダーのもとでは、動物たちは単なる繁殖マシンと考えられており、若齢時から繁殖に酷使されつづけてきた動物は寿命も短く、5、6歳までに燃え尽きてしまいます。連続出産によるカルシウム不足で歯がボロボロになり、抜け落ちてしまうことも珍しくありません。7歳なのに、まるで17歳に見えたりします。

彼女たちは用済みになると処分されます。多くは狭いケージに収容され、運動をすることも、日光を浴びることもかなわず、必要最低限の餌と水以外、ケアも治療も受けられない状態に置かれます。筋肉は萎縮し、体毛には糞尿がこびりついて固まり、深刻な皮膚疾患にかかることも多くなります。雌犬は、ほぼ例外なく乳腺腫瘍を発症しますが、治療はされません。避妊・去勢手術を行わない場合の健康面のリスクについては23～24ページで述べましたが、中高齢で避妊していない雌犬は乳腺腫瘍の発症率が高くなります。

日本には犬の繁殖を規制する法律に実効性がない

日本ではなぜこのようなことが起こるのでしょうか。それは、日本では犬の繁殖について規制する法律やガイドラインに具体的な基準がないからです。

英国の法律を例にとると、1973年に承認された「犬の繁殖法（Breeding of Dogs Act)」には、次のような詳細な規定があります。

a　犬の飼育にあたっては、常に、構造、広さ、頭数、運動設備、温度、明るさ、換気、清潔さなどの面で適切な飼育空間を提供しなければならない。

b　飼育犬には、常に、必要な食べ物、水、寝具、運動を与えるとともに適宜様子を見に行く必要がある。

c　感染症、伝染病が犬の間に広がるのを防ぐために万全の対策をとること。

d　火事、その他の非常時には適切な手段を講じて飼い犬を保護すること。

e　繁殖施設への往復など輸送の際は、犬が適切な餌、水、寝具、運動を享受できるように細心の注意を払うこと。

f　1歳未満の雌犬を交配させてはならない。

g　各雌犬の出産回数は、生涯に6回を超えてはならない。

h　雌犬は、前の出産日から満12カ月を過ぎるまで、次の出産をしてはならない。

i　（雌犬の出産日、回数など）定められた書式で正確な記録を飼育現場に保管し、自治体職員、獣医師など検査にあたる公認査察者が閲覧できるようにしておくこと。

日本でもこうした犬の繁殖方法に関する具体的で厳格な法の整備が急がれます。

英国人が見た日本のペットショップ

２００８年３月に来日したロンドンのメイヒュー・アニマルホームの主任看護士、ジリアン・スコットさんは、自らが訪れた日本のあるペットショップについて次のように述べています。

ペットショップは、人工的な蛍光灯でこうこうと照らされていました。展示動物の多くはファッショナブルな血統種の子犬です。寝床もなければ、オモチャは無論のこと、水や餌さえ用意されていないケースもありました。ほとんどの犬は１匹ずつ隔離されていて、退屈のあまりに頭が変になっている様子。動物には様々な感情があるのに、幼少期の肝心なときに社会化訓練を受けていない彼らは、一生涯、問題行動を示すのではないか…と危惧されます。何の因果でこのような仕打ちを受けるのか、動物自身は知るはずもなく、じっとしている動物を見るのは耐えがたい思いでした。もちろん、彼らには何の罪も責任もありません。おびただしい数の子猫も、やはり、孤独で退屈そうにしていました。ある店では、ヤギ1頭、サル2匹を展示していました。狭いケージの中を絶えず行ったり来たりしているサル……彼らが何を考えているのか、想像する気にもなりません。彼らにとって、何と恐ろしい〝生〟でしょうか。サルを買うなんて、一体どんな人物なのか……考えただけで、彼らに明るい未来が待ち受けているとは思えません。

私たちが訪ねたペットショップの1つは、店というより、むしろ、繁殖施設のようでした。犬と猫（大部分は成体）の入った折りたたみ式ケージが積重ねてありましたが、知能を刺激するような物は何も与えられていません。このいまわしい施設の主人は、所有動物のほとんどを私たちに見せようとしませんでした。男性が何を隠したがっているのか…想像がつくというもの。男の手首に人目をひく包帯が巻いてあったので、哀れな〝繁殖マシーン〟のだれかがひどく嚙みついたのかな…と想像して気持をまぎらわせました。本当にそうだといいのに！　オリバーさんは所有者の「登録証」を確認しました。壁にかかっている標識には「5年間有効」とありました。誰がこのような施設に営業許可を与えているのでしょう。

（ジリアン・スコット「日本でのセミナーを終えて」NL70号、2008年、原文ママ）

後述するように、2005年6月の「動物の愛護及び管理に関する法律」の一部改正にともない、日本では2006年6月1日から動物取扱業が従来の届出制から登録制に変更されました。動物取扱業の登録が義務化されたのです。しかし、これは鑑札にすぎません。遵守基準も求められる原則もなければ、役人による検査も実施されないからです。店内の目立つ場所に貼られた登録証は、単なる飾り物でしかないのです。

私が見たペットショップのなかには、外にケージを置いて、お客さんがこれまで飼育していた古い犬を入れ（捨て）、店内の新しい犬と買い替えるように勧めるところもありました。ケージに入れられたこれらの犬は、「顧客サービス」として店が処分するのです。

また、店内で売れ残った動物は成長に応じて値引きされ、ついにはケージからはみ出さんばかりになって処分されます。処分される動物は、その場で殺処分されるか、保健所／動物愛護センターに引き取られ殺処分されるケースが多いといいます（現在では、2013年9月施行の法改正により、保健所／動物愛護センターはこの種の引き取りを拒否できるようになった。また、動物取扱業者にも「終生飼養」が義務づけられた）。

日本の動物保護法の歴史

ここで日本の動物保護法に関する歴史を説明します。

（1）動物保護管理法（1973年）

動物好きで知られる英国のエリザベス女王の来日（1975年）にあわせて、日本は1973年、「動物の保護及び管理に関する法律」を大急ぎでまとめ上げました。これを機に日本でも動物愛護に関心があることを世界に示したかったのです。

しかし、この法律はもともと人間を動物から保護しようという発想から作成されたもので、その逆ではありませんでした。行政当局はおろか警察にさえ周知されず、この法律の効力はないに等しいものでした。この法律には虐待の定義もなかったので、施行後30年間で起訴されたのは、ほんの一握りのきわめて悪質なケースに限定され、それもわずか3万円の罰金で済まされてきました。愛玩動物の命に関わる処罰としては、あまりにも軽い処罰だったと言えるのではないでしょうか。

（2）動物愛護管理法（1999年）

1990年代後半に入ると、1973年制定の「動物の保護及び管理に関する法律」を改めなければという共通認識のもと、100を超える動物保護団体が合同で同法の改正案を考え、議会に働きかける運動が始まりました。しかし、関係者間で要望内容を巡り意見の食い違いが生じました。例を挙げると、動物実験に関する条項を改正案に盛り込むことの是非や、動物実験に的を絞った新たな法律を制定すべきなどの意見があり、集約できませんでした。

国会に法案を提出する際は、事前に与党議員に対する働きかけが必要です。しかし、大企業と政治が切っても切れないこの国で、政治家にとって、動物実験にかかわる製薬企業のあり方を規制するなど言語道断、タブーでした。実際、「動物実験条項を削除しなければ、一切協力しない」と言われたものです。その結果、法改正案にかかわった動物保護団体の大半が知らないうちに、政府寄りの名だたる動物保護団体と自民党間で秘密交渉が行われ、さしたる議論もないまま改正案は可決されてしまいました。

気がついたときには「既成事実」化されたあとでした。動物保護団体の大多数は何の相談もなくすべて頭越しに運ばれたことに立腹し、さらに新法の中味が実質的には旧法と大差なくほんの少し化粧直しをしたにすぎないと知り、怒りは頂点に達しました。

わずかに変わったのは、名称が「動物の保護及び管理に関する法律」から「動物の愛護及び管理に関する法律」となったこと、動物虐待に対する罰金の額が引き上げられたことなどです。附則（1999年12月22日法律第221号）の「検討」として、法律の施行後5年を目途に、「動物の適正な飼養及び保管の観点から必要があると認めるときは、その結果に基づいて所要の措置を講ずる」との条文が加えられたことがせめてもの救いでした。

（3）改正動物愛護管理法（2005年）

2005年6月に制定された改正動物愛護管理法にみられる変更点のうち、注目すべきは動物取扱業者に対する規制が厳しくなったことです。ブリーダー、ペットショップ、ペットホテル、乗馬クラブ、その他人々が動物と触れあう施設、インターネット上で営業を行う動物販売業者に対する規制が強化されたのです。すべての業者は2007年5月31日までに事業者登録を済ませ、登録証と呼ばれる標識を誰もが見える場所に掲示しなければならなくなりました。また、それぞれの事業所から動物取扱責任者を1名選び、その者は1年に1回以上の研修を受けることが義務づけられました。

法改正により、登録義務に違反したり、一定基準に達しなかったりした業者は、登録を取り消され、営業停止処分を受けることになりました。法律は、動物のストレスを軽減し、適切なケアと健康を維持するために何を実行すべきか遵守基準を詳細に述べています。

その一方で、新規制に示されたガイドライン(「第一種動物取扱業者が遵守すべき動物の管理の方法等の細目」2006年1月20日環境省告示第20号)では、遵守すべき動物管理の方法が詳細に規定され概《おおむ》ね適切であるとはいえ、やや具体性に欠ける点もみられます。

例えば、第5条における「飼養又は保管をする動物の種類及び数は、飼養施設の構造及び規模並びに動物の飼養又は保管に当たる職員数に見合ったものとすること」という一文です。この場合、犬のサイズに応じて必要なスペースを数字で示し、給餌、運動、社会化訓練などに対してスタッフ一人が何頭の犬を扱うのが適正か、具体的に述べるべきです。

また、同条の「幼齢な犬、猫等の社会化（その種特有の社会行動様式を身に付け、家庭動物、展示動物等として周囲の生活環境に適応した行動が採られるようになることをいう）を必要とする動物については、その健全な育成及び社会化を推進するために、適切な期間、親、兄弟姉妹等とともに飼養又は保管をすること」とありますが、なぜ子犬の自立時期である「少なくとも満2カ月齢までは」と明示しないのでしょう。

とはいえ、問題は法律の欠点にではなく、実施にあたって「誰が、どのように執行するか」という点に尽きるといえます。登録をする動物取扱業者は総事業所数で4万419（2014年4月1日現在、環境省調べ）ですが、自治体によっては監督にあたる検査官が数名しかいないところもあります。素人の自称ブリーダーやコレクターもすべてあわせると、登録者数は2倍にも、3倍にも増えるでしょう。自治体はそのすべてを監視することができるのでしょうか。当局は十分な数の特別訓練を受けた検査官を雇えるでしょうか。実現は困難でしょう。検査対象があまりにも多すぎて、手がまわらないことは目に見えています。登録要件を満たしていないブリーダーをどう処遇するのか、彼らが営業停止になった場合、直接影響を受ける多数の動物はどうなるのでしょうか。

私が日本の動物愛護に関する法律について厳しく指摘するのは、日本にはいまだにきわめて悪質な動物取扱業者が多いからです。

一方で、わずかな前進も見られます。英国の例にならい、離乳期である生後2カ月までは子犬の販売と家庭での飼育を認めるべきでないとの提言が存在しながら、「諸外国と違って日本人は若齢動物を好む国民だから」という全国ペット協会の猛反対によって改善が難しいと思われていたペットショップに関する規定が、動物愛護管理法の見直しにともない一部改正されたのです。

「子犬・子猫の販売、飼育は生後12週齢以降」という提言は認められませんでしたが、店頭での展示方法については改善されました。新規定では、「午後8時から翌朝8時までの子犬・子猫の展示販売は禁止」となり、２０１２年6月から施行されています。ペットショップのなかには、パチンコ店などが軒を連ねる繁華街にあるものも多いのですが、以前は夜間展示も許されていたため、子犬・子猫はまぶしい照明と騒音で安眠できず、しかも来店する酔客が展示ケースを叩《たた》いて眠りを妨げるなど、過酷な環境に置かれていたのです。今回の見直しでは、夜間店頭販売禁止のほか、8週齢未満の犬猫の販売禁止、ネット販売における規制強化など多少の成果はありました。

今後、より有効な改正が実現できるかどうかは、多数の動物愛護団体の意見統一と、この問題に理解を示し、支援してくれる政治家が何人得られるかにかかっています。

行政とペットビジネス

前述のように、ペットショップやブリーダーが営業許可を取るのは簡単です。大阪のあるペットショップは、数年前、ワシントン条約で絶滅危惧種に指定された動物を販売した容疑で起訴されましたが、わずかな罰金を払っただけで店を再開し、以前と変わらず平然と営業をつづけています。

ブリーダーのなかには法律を平気で無視する人々も少なくありません。

2009年末に発覚した兵庫県尼崎市のブリーダーの事例（「犬200匹、ブリーダー違法飼育」『朝日新聞』２００９年12月10日）は、いつもながらに行政の怠慢と不作為を露呈するものでした。10年前、市当局はこの男性に関する情報を得ていながら、「近隣住民の迷惑を考えて、騒音と悪臭に注意するように」と口頭指導しただけで何の措置もとりませんでした。もちろん、男性は飼育していた犬の全頭に、飼養者の義務である登録も、狂犬病予防接種もしていません。犬をどんどん繁殖させ、最終的には少なくとも２００頭にまで殖やし、しかも5年前から毎年売れ残った犬ほぼ50頭について、保健所に処分を依頼していたのです。市は何のおとがめもせず、ペナルティも科さずに男性の依頼を受け入れてきました。

加えていえば、男性が犬を収容していた建物は建築法に違反したものでした。もともと2階建だったものを5階建に拡張していたのです。２００４年には近隣住民が通報して、市は建物の不法増築を認識していたにもかかわらず、何の行動も起こそうとしませんでした。

右の例は、氷山の一角です。平然と法律を無視する悪質ブリーダーのなかには、行政の対応が生ぬるいことで知られる自治体を選んで営業するケースもあります。先の件もその一つでしょう。動物行政の「生ぬるさ指標」は、ブリーダーの登録数でわかります。対応が厳しい県では商売しにくいと判断した業者が他県に移転し、登録名を変えて営業することも可能です。

２０１３年の法改正により、この種の引き取り依頼を行政が拒否できるようになるまでは、政府と各自治体は、ブリーダーとペットビジネスの管理に本気で取り組むことができず、悪質ブリーダーが持ち込む不用動物の処理に国民の税金が際限なく浪費され、少ない資力と寄付金に頼る動物福祉団体がその後始末に追われつづけました。法整備だけでなく、現場での取り締まり強化こそが不可欠なのです。

日本にも英国のRSPCAのような組織を

英国の場合、動物虐待事件にはそれを扱う専門の組織があります。ＲＳＰＣＡは動物福祉を推進するために設立された非営利団体で、年間何十万頭もの動物の保護、ケア、里親事業を行う世界最大の動物福祉団体です。保護やケアだけでなく、動物虐待に関する調査も積極的に行っています。必要なら、法律違反者を起訴にまで持ち込みます。

一方、日本では同様の機関がないので、地方自治体か警察が動かない限り、動物虐待など違法行為があっても、調査も救済も行われず見逃されるケースが多いのです。実際、告発に不可欠な証拠を収集するのは容易ではありません。違反者の告発にかかる時間と費用は大変なものです。

かつて、あるブリーダーの告発に向けて証拠集めに現場を訪れた私と同行者は、相手から暴行されそうになりました。さらに、証拠写真を撮るために私有地に侵入したとして、住居侵入容疑で逮捕されました。英国なら、アークのような一般の動物福祉団体がこの種のケースを扱うことはありません。すべてRSPCAの手にゆだねられます。動物虐待をしたとされる者の起訴はRSPCAが行い、警察はその援護にまわります。アークにも多数の虐待情報が寄せられますが、それが告発に値する悲惨な事例であったとしても、小さな団体としては、そのすべてを調査する時間も、資力もないのが現状です。

英国では、動物虐待の疑いに確証がある場合、動物福祉団体は通常RSPCAに連絡をします。一般的なプロセスでいうと、連絡を受けたRSPCAは法的手段に訴える前に犯罪が疑われる者に警告を出し、事例を調査して必要と判断されれば案件を起訴します。

日本にはRSPCAに相当する機関も、調査官の役割を果たすアニマル・ポリスも存在しないため、告発しようにも、警察を動かして起訴に持ち込むのは至難のわざです。行政を動かすのは、なおさら困難です。

アークのような小さな団体が、動物虐待、その他の動物愛護にかかわる法律違反を告発するには、弁護士との相談、証拠収集に費やす時間、諸経費の工面など大きな負担がかかります。何よりストレスの多い仕事だと言わざるを得ません。

里親になろう

アークでは、保護動物を求める里親志望者すべてに対して、規定の調査書に記入することをお願いしています。私たちが本人と家族構成、ライフスタイル、動物飼育歴などを把握するためです。調査書の記入が終わると、里親志望者と面接をします。記述された情報から、犬猫の飼育者として適当かどうかを判断し、本人の希望と家族構成やライフスタイルを勘案しつつ、もっともふさわしい動物を選び出すのです。私たちは家族全員との面接を希望していますが、とくに動物の世話に一番深くかかわる人物との面接は重要です。例えば、ある家族が里親になることを希望してアークを訪れたとします。スタッフは子どもを含め、同居する家族全員と面接をします。でも実は、家族全員が仕事や学校へ出かけてしまったあと、1日中家にいるのが祖母であれば、私たちが一番会いたいのはその祖母の方です。その家族においては、その方が1日の大半を家のなかで過ごし、犬猫の世話にあたる責任者だからです。

また、忙しい家族が主に屋外で犬を飼う場合、散歩や給餌は家族の誰かがするとして、全員が揃《そろ》う時間には犬を家のなかに入れるようにお願いしています。そうでないと、犬が家族と一緒に過ごすチャンスがないからです。

リホーミングは「結婚」に似ています。末永く添い遂げてもらうことが私たちの願いであり、離婚に終わるのは避けたいものです。だからこそ、家族全員が時間をかけて熟慮したうえで里親になるという結論を出すことが大切なのです。

もっとも厄介な飼育者は知ったかぶりの頑固者

家族全員に会えば、彼らがどんな飼い主になるかおおよそ見当がつきます。私たちの質問に対する回答から、以前飼っていたペットに関する体験、つまりどのように扱っていたかが推測できるからです。例えば、獣医に診せずにペットを死なせてしまったとか、飼い主の不注意から事故に遭わせてしまった場合は、苦い教訓を次に活かせるかどうかを判断します。

初めてペットを飼う人が最善の飼育者であることも多いと感じます。彼らは熱心に教わろうとしますし、私たちの助言にきちんと耳を傾けてくれるからです。もっとも厄介なのは、これまでずっと犬を飼ってきて、ペットのことなら自分は何でも知っていると信じ込んでいる人たちです。彼らは自分のやり方を変えようとはせず、聞く耳をもちません。このタイプの人には「ご要望にあう犬はいませんので」とお引き取り願うだけです。

私たちに課せられた責任はただ一つです。惨めな境遇から救われてアークに来た動物のすべてに、可能な限り安全で幸福な将来を保障することなのです。

家族のライフスタイルにあった犬猫を

通常、アークでは里親希望者の条件と好みにあいそうな動物だけを見せることにしています。一度に多数の動物を紹介することはありません。実際に動物を見た里親希望者が、そのなかの1、2匹を気に入ったら、犬の場合は散歩をさせてみることを勧めます。里親希望者がすでに犬を飼っている場合は、その犬をアークに連れてきてもらい、希望のアーク犬とアークのオフィスで対面させるようにお願いしています。初対面の犬同士は「中立のテリトリー」で会うことが必要です。そして、結論を急ぎません。「家に帰って、本当にその子がほしいかよく考えて、決心がついたらもう一度きてください」と伝えます。急ぐ必要はありませんし、急《せ》きたてることもしません。動物の将来の幸福とＱＯＬは、まさに、その決断にかかっているからです。

子犬・子猫を求めてやってきた人の多くが、私たちの助言を受け入れ、成犬・成猫を連れて帰ってくれます。

ときには3人の幼い子どもをもつ母親が子犬を希望することもあるでしょう。しかし、彼女には、子犬をもらうことは世話の焼ける子どもがもう一人増えるのと同じだという認識はありません。幼い子どもたちの世話に追われていては、ペット飼育という余分の仕事には手がまわらないものです。

同様に、お年寄りがやんちゃな子犬と暮らしていくのは大変です。子犬はすぐに活発な成犬に育ってしまいますし、犬の方が飼い主よりも長生きする可能性があるからです。

日本では、今でも「犬なんか鎖につないでおいて、餌と散歩だけ面倒を見れば大丈夫」と気楽に考えている人もいるようです。しかし実は、犬は、人間との触れあいを必要とする社会的動物です。飼い主との交流や対話、遊びによるコミュニケーションを欠かすことはできないのです。

第4章　震災からペットを守る

連携を欠いた支援者たち

1995年1月17日に発生した阪神・淡路大震災のあと、被災動物のレスキューとケアに加えて、国内外から駆けつけた多数のボランティアへの食事提供など、私はまとめ役として連日奮闘しました。

アークにとって阪神・淡路大震災は最大の試練となりました。大震災が起こるとすぐに、家を失い、取り残された何百匹もの動物を救出して保護するという現実に直面したのです。動物を受け入れるスペース、スタッフ、獣医師との連携、ボランティアによる支援体制を、急遽《きゆうきよ》3倍規模に拡大しました。震災はアークにとってまさに「一大転機」であり、それは以前のようなボランティア志向の小グループには二度と戻れないことを意味していました。学んだ教訓は計りしれず、現在のアークの組織体制もこのときの経験をもとに築かれたものです。

当時、日記はつけていなかったので、あとになって自らの記憶と動物関連の記録を頼りにそのころのことをまとめました。しかし、2011年3月11日に発生した東日本大震災では、日々起きたことを書きとめインターネットなどを通じて最新情報として世界中に発信することができました。記録の全容については、改めて公表する機会もあるかと思いますので、ここではアーク発行のニュースレター（82号、２０１１年）の一部を抜粋し、被災動物を保護する立場の人々が抱える問題と課題、ペットを守るための災害対策を簡単にお話ししたいと思います。

日本には、大規模なシェルターと小規模の支援グループとをつなぐネットワークがないため、現場では大震災直後から混乱が起きました。民間グループは続々と現地に救助に駆けつけ、地元獣医師会は実現可能な協力を申し出、さらに自治体の保健所／動物愛護センターは独自に被災動物を受け入れるなどバラバラの状態でした。

阪神・淡路大震災以降、いずれこの国に巨大地震がくることはわかっていましたが、残念なことに誰も震災から愛犬・愛猫を守るための備えをしていませんでした。このため大規模シェルター、小規模の支援グループ、獣医師、個人は、それぞれのネットワークやボランティアに頼って奔走せざるを得ませんでした。しかし、緊急時の総合的な物事の進め方が確立しておらず、互いに共同して対応した経験もない状況では、資金、ネットワーク両面において総力を結集できなかったのです。

災害時の動物救援に関する提言

20年前の阪神・淡路大震災以降、私たち動物保護団体が得た教訓は、「レスキューは、長期的に関与すべき取り組みの始まりにすぎない」というものでした。災害時にはボランティアが押し寄せて助けてくれても、継続的な力にはなりません。本当に頼りにしたいときに、彼らはもういないのです。

被災した動物たちを助けようと集まったボランティアには住まいや食事の提供のほかに、送迎や組織化も必要になりますが、規模の小さな支援組織にはそれらが負担になりがちです。寄付金も然《しか》りです。最初はどんどん寄付金が集まってきても、人々の関心がほかに移るにつれて、資金は先細りしてきます。

また、震災直後は被災動物を引き取って援助しようという人々が大勢いても、彼らの興味は次第に薄れ、結局シェルターに残るのは老齢か人気のない動物だけとなります。阪神・淡路大震災のときには、その後10年近くもアークで暮らした被災動物もいました。

被災動物が避難する場所についても課題は残りました。緊急時に、バリケンネルなどの小型ケージに被災動物を収容するのはやむを得なくても、狭いケージに長期間動物を収容しつづけるのは禁物です。いずれもっと広い空間に移す必要があります。狭いケージのなかで動物に食事や運動を強要するとストレスを招き、病気の原因になりかねないからです。私は動物のＱＯＬを奪う行為は虐待と同義であると考えています。しかし東日本大震災から半年が過ぎても、民間・公立を問わず、被災動物を保護していた施設のなかにはこうした状況が数多く見られました。

消えたペットたち

震災直後の混乱期にはペットの盗難も相次ぎます。東日本大震災後、最初に姿を消し、その後消息を絶った犬が純血種ばかりであったと知っても驚くに値しません。その多くは住宅から姿を消したのですが、避難所の駐車場から盗まれたペットもいました。飼い主が警察に出向いてその事実を訴えても、「証拠がないから何もできない」と相手にされません。行方不明は、マイクロチップを装着することで、犬の身元を確認することができます。

残念でなりません。

阪神・淡路大震災のときにも同じような事態が起こりました。身体の不自由な男性が善意から神社の境内にシェルターを構えたのですが、高級住宅地を擁する阪神間に高価な犬が多いことを心得ている不心得者たちが遠方からやってきて、神社のシェルターから「金になる犬」をすばやく持ち去ったのです。心優しい男性のもとに残されたのは、老齢犬や病気の犬、雑種のみでした。

保護犬の引き渡しは徹底した管理のもとで

アークのような動物愛護団体は、レスキューの「倫理」についても考える必要があります。

東日本大震災のように、保護しないと動物の生命が危険にさらされる緊急時には、保護と盗みとの境界線が曖昧《あいまい》になりがちです。アークでは、救助したすべての動物についてできる限り情報を開示すべく細心の注意を払うよう努めました。具体的には、動物の発見現場にアークの連絡先を書いた紙を残し、首輪をつけた犬の写真、その他の情報を、アークのホームページでの公開はもとより、地元の自治体に送ると同時に、大手一般誌に「迷子犬」として掲載していただいたのです。その結果、何頭もの犬を無事家族の元に戻すことができましたし、少なくとも飼い主と連絡をつけることができました。

どうしても飼い主が判明しない場合は別として、保護した犬を元の飼い主の承諾なしに他人に譲渡してはならないと私は考えます。また、救助から里親譲渡まで、被災動物のケアには治療、ワクチン接種、マイクロチップ登録、避妊・去勢措置、場合によっては手術など大変な費用を要しますが、すべてのプロセスが完了するまでは動物を新しい飼い主に譲渡しないのがレスキュー倫理の鉄則です。

福島で野生化し、増殖する動物たち

東日本大震災における原発事故から派生した問題についても述べておきます。

福島県の報告（2011年8月）では、東日本大震災発生前、東京電力福島第一原子力発電所の事故現場から半径20キロメートルの警戒区域内に登録されていた犬の数は約5800頭であったことから、大震災当時に20キロメートル圏内に生存していた犬猫の総数はおよそ1万頭と推定されています（http://noui.kitasato-u.ac.jp/japanese_study_impact.pdf）。しかし、日本では行政へ犬を飼育登録することを怠る飼い主も多いため、犬だけで実際は登録数の3倍近い1万5000頭ほどがいたと考えられます。

震災後、このうち様々な団体の力によって比較的捕獲しやすい数百頭が救助されたのですが、餓死した動物もいるものの、多くはいまだに警戒区域内に取り残されたままです。それらの残された犬も、圏内にいた多数の猫も避妊・去勢手術を受けていない事例が多いため、4年以上の年月が経過した今、野生化した犬猫の爆発的な増殖が推測されます。

ＳｐａｙＵＳＡ（http://www.sccpets.com/banners/dog_overpopulation.pdf）によると、例えば犬は年に2回の出産が可能です。仮にある地域に避妊手術をしていない1頭の雌とパートナーの未去勢の雄犬が1頭いたとします。そして、1回の出産で7頭の子犬を産むものと仮定します（実際は小型犬などの場合は1回に生まれる子犬の数は7頭よりは少ないですが）。そうすると、1年後には最初の2頭の親を含め、同地域には16頭の犬が存在することになります。その後、2年後には128頭、4年後には2048頭と最初の雌犬の子孫は増え続け、6年後にはなんと6万7000頭に達します。もちろん、あくまで、様々な条件を一定に仮定した試算ではありますが、なんとも凄まじい繁殖力であることはおわかりいただけると思います。同様に、猫の場合はさらに強烈で、7年で40万頭とも42万頭とも試算されています。

東北の厳しい冬では餌も少なく餓死や凍死が多いとしても、警戒区域内での爆発的な増殖は想像に難くありません。また、狩猟が行われていない地域では野生動物も頭数調整が行われないので増えているでしょう。この先どうなるのでしょうか。

福島県の警戒区域内への立ち入りは許可された人に限られているため、そこで何が起きているかを直接見ることはできません。元はペットでも、避妊・去勢手術を受けず、人間に接する機会を失った動物は警戒心が強く、一層捕えにくくなります。彼らの子孫は完全に野生化しますから、捕獲できたとしてもペットとして里親に譲渡するには適しません。

こうした事態に行政がどう対応するのか、現時点では見通しはまったくたたず、現状は想像するほかないのです。結局は被災動物の殺処分といった荒療治に終わるのではと懸念されます。

動物確保のために東京電力福島第一原発20キロ圏内に立ち入りを許可されたのは、獣医師など特命を受けた少数の者だけでしたが、これは不適切でした。数日間区域内で過ごした数グループの獣医師たちが捕獲できたのはほんの一握りの動物にすぎなかったと聞いています。彼らは医師としての技術は優れていても、動物捕獲の技術はもちあわせていませんから、捕獲に関しては災害時のレスキュー経験を積んだ動物愛護団体に任せるべきだったのです。

今、必要なのは、被災地の動物頭数増加を食い止めるために、ペット飼育者に低料金で避妊・去勢手術を提供することです。加えて野良猫数安定のために猫を捕獲して避妊・去勢手術を施して元の場所に戻すＴＮＲ運動を積極的に推進し、頭数をコントロールすることです。アークは、今後も必要に応じて東北の被災動物の保護に取り組み、東北地域にある収容能力を超えた過密なシェルターがあれば、可能な範囲での引き取りも含め様々な形で応援をするつもりです。また、避妊・去勢の推進もサポートしたいと考えています。

地震国として日本が将来に備えるべき課題

世界有数の地震国である日本は、将来的にも同様の災害に見舞われる恐れがあります。

では、東日本大震災から私たちは教訓を学んだでしょうか。おそらく少しは学んだと思います。ここからは、将来の災害に備えるべき課題、換言すれば、整備しておく必要があったのになおざりにされてきた懸案を、行政と飼い主とにわけていくつか提示したいと思います。

まずは行政の取り組むべき課題から。

1　犬（できれば猫も）の飼い主全員にマイクロチップ登録を義務づける。
ペットのマイクロチップ登録を義務化すれば、身元不明動物の飼い主が速やかに特定できます。

2　地域に点在する動物関連施設のなかで、緊急時に救助や受け入れができる救援組織、シェルター、動物病院、保健所／動物愛護センターを当該自治体に登録して、施設の場所や収容能力などの情報を自治体で集中管理して災害に備える。

3　国や自治体が指定する災害避難所にペット用の施設を含める。
家畜が多い地域では家畜用の避難所も考慮すべきです。

4　ペットに避妊・去勢手術をさせる飼い主には登録料の割引や補助金を出すなど、自治体が避妊・去勢運動を推進する。

飼い主のためのペット安全対策

次に、ペット飼育者が災害に備えて常日頃から実行しておくべき基本対策をまとめます。ここにご紹介するのは、アーク理事のメアリー・コーベットが、アークのニュースレターに寄稿した「災害時のペット避難対策」です。

1．ペットにマイクロチップ登録すること

マイクロチップによるＩＤ（身元証明）は、離ればなれになった飼い主とペットを再会させるための最善方法の一つです。マイクロチップ登録を常に最新情報に更新し、少なくとも友人か親戚一人の緊急連絡先を入れておくこと。

2．すべての飼い犬・猫に首輪と名札をつけること

動物がつける迷子札には、有効な電話番号を記入しておきます。室内飼いの猫にも迷子

札は欠かせません。家屋が損壊した場合、猫は逃げ出すからです。

3．自宅以外の「緊急避難所」を事前に確保しておく

自宅区域から離れた「ペットにやさしい」ホテルや、動物を預けられる施設を前もってみつけておくこと。あるいは、離れた場所にいる友人か親戚と「交換住居契約」をかわしておくのもよい。災害時に緊急避難を余儀なくされる場合、飼っているペットを決して置き去りにしないこと。

4．各ペット用に「非常用備蓄キット」を用意しておくこと

いざというときのために、災害時に必要な用品を揃えておく。基本的アイテムは下記の通りです。持ち出しやすい容器に入れて保存すること。

● 一週間分のペットフード…防湿性のある容器に入れて、3か月ごとに取り替え、常に鮮度を保っておく

● 一週間分の水…災害発生時、家の水が飲料に不向きと判定されれば、ペットにも安全ではない

● 医薬品…薬の必要なペットは要注意。災害直後は薬を入手しにくいかも知れない

・ワクチン摂取記録のコピー
・飼い主とペットが一緒に写っている写真…飼い主の身元証明のため
・ペットの写真…迷子になった場合に必要
・ペット用の救急箱
・仮の迷子札…飼い主が避難した場合、臨時連絡先、友人や親戚の電話番号を記した名札をペットに付ける
・各ペット用のキャリー、リードなど
5．緊急ステッカーを自宅の玄関か窓に貼る
飼っているペットの種類と数、連絡先、かかりつけ獣医師の名前と電話番号を書いておく（飼い主の留守中に災害が発生した場合、ペットが家の中にいることを救援隊に知らせることができる）。
（メアリー・コーベット「災害時のペット避難対策」ＮＬ87号、２０１２年、原文ママ）

ここで、3．の解説にある「交換住居契約」について補足しておきます。「交換住居契

約」は日本人には馴染みのない表現ですが、平たく言うと、自宅から離れた場所にいる友人や親戚に、万一の場合はペットを預かってもらえるようにあらかじめお願いをしておく、ということです。

日本は、地震、津波、台風、豪雨とそれにともなう崖崩れなど、自然災害に見舞われやすい国です。とくに地震については、今後とも大規模災害が起こると予想されます。それにしても東日本大震災の発生時、阪神・淡路大震災で得た教訓を私たちは活かすことができたでしょうか。きたるべき災害に備えが万全であれば、大規模災害が起こったとしても、同じような悲劇を繰り返すことなく、被害を最小限に食い止めることができます。何よりも多くのペットの命を救えるはずです。

第5章　ペットの未来——ベストパートナー

敬遠される動物愛護活動

「動物愛護」という言葉には、どこかマイナスイメージがあるようです。夕暮れどき、公園に住む野良猫に人目を忍んで餌をやりに行く人を連想させる言葉です。もっとも、どこの町にもいるこうした奇特な人たちが存在しなければ、住む家のない動物の現状は今以上に厳しくなるわけですが。

一人で動物の保護を志す人もいれば、気心の知れたグループ、あるいは幅広い人員を集めた団体組織もあります。動物を引き取ったり、近所や公園にいる野良犬・野良猫のために簡易シェルターを設けたりする人もいます。

しかし、単独で行動するにせよ、グループに参加するにせよ、それぞれが我流でやろうとするとトラブルの元になりやすいのです。団結すれば、もっと大きな力を生み出せるはずなのに残念でなりません。これは日本だけでなく、世界中どこの国でも起こり得る問題です。

基本的に、動物を苦しみから救うという同じ目的をもつ人々やグループは、ちょっとした口論や内輪もめ、さらには嫉妬《しっと》によって分裂の危機を招きがちです。日本人はとくに小グループ内で協力し合いがちなので、動物愛護の現場では事態は一層難しくなります。小規模な組織での協力を得意とする気質は、町内会や地域レベルの活動ではうまくいっても、国を挙げて取り組むべき運動にとってはマイナス要因になることが多いのです。事実、日本の動物愛護グループの足並みは乱れており、「感傷的な素人集団」として政府や獣医師会から相手にされていないのが現状です。

感傷で動物は救えない

実際、その見方はかなり当たっているといえます。一般に、そうした人々は感傷的で、適正な動物保護というより、動物をひたすら収集するホーダーの領域に踏み込みがちです。最初は善意からスタートしても、助けを待つ動物の数に圧倒されて、次第に悪循環に陥ります。多すぎる動物を前に人手は足りず、スペース不足で資金が底をついて、ついには地獄さながらの状態に転落することもしばしばです。感情に流されるあまり、適正な動物の保護に不可欠な、空間、時間、人手など、本来なら活動を始める前に熟慮すべき現実的な問題をなおざりにし、「そもそも、自分たちに動物の保護はできるのだろうか」と自らの能力を問うこともないのです。

あふれる善意と多大な労力は徒労に終わり、結局は動物の苦しみを増す事態となるケースが実に多いのは残念です。この活動に求められるのは、感傷ではなく動物を慈しむ心です。そして、現実主義と良識なのです。

安楽死について

感傷主義者の多くが関心をもち、概して猛烈に反発するテーマに「安楽死」があります。日本の動物福祉団体のなかで保護動物の安楽死容認を表明しているのは、おそらくアークだけでしょう。そのためアークは、ほかの団体から非難されることも少なくありません。まるでアークが受け入れ動物のすべてを殺しているかのような口ぶりで責められることもあります。もちろん、事実はまったく異なります。詳細は少しあとで述べますが、私たちは、アークに入所する動物、アークを卒業する動物だけでなく、安楽死処置をとった動物についても、すべてのデータをいつでも公表できるように整えています。データを見ればアークにおける安楽死の実施件数がきわめて低いことがご理解いただけるはずです。

アークの方針は、動物が長時間苦しむ自然死よりも、苦痛を取り除き、安らかに逝かせる安楽死の方が望ましいというものです。動物福祉の理念を完結させるためには、安楽死は避けて通れない問題であると確信しています。

海外には no-kill（保護動物を殺さない方針）をうたうシェルターがあります。しかし、これらの多くは、「健康な動物は決して安楽死させません」と宣言しています。つまり「絶対に動物を安楽死させない」という意味ではなく、「動物の苦痛が耐えがたく、もはやQOLが望めないときは安らかに眠らせる」という、アークが実施しているのと同じ理由で安楽死処置を行っているのです。

安楽死の決断はいつ

牛、豚、鶏、魚など動物の肉を平気で食べる人間が、ペットの犬猫を人道的見地から安楽死させることに反対するのは皮肉なことかもしれません。もちろん、安楽死は、がんによる激痛にもだえながら死にゆく人間であれ、病気の老犬であれ、現在も、そして将来も議論を重ねていく必要のある微妙な問題です。仮に、ケースによっては安楽死が苦痛を取り除くために必要な人道的処置だと認めるとして、一体どこで線を引けばよいのでしょうか。そこが安楽死判断の重要な点となります。

今日、世界の多くの都市、例えば米国ではカリフォルニア州などが no-kill 方針を掲げ、健康で“adoption”（養子縁組）可能な動物を殺すのをやめています。それ自体は歓迎すべき傾向です。とはいえ、この方針を採用する組織の多くが受け入れるのは里親との出会いが見込める動物だけです。つまり、養子に出せない動物は、来るもの拒まずの全入制施設に回されるというわけです。そこではスペースが不足し、安楽死処分も実施されます。この議論の必要のある問題については、後述の「no-kill 論争」のなかで取り上げます。

私たちアークも日々このジレンマに直面しています。助けを求める動物をできるだけ多く受け入れるべく努めていますが、適切で十分なケアをすべての保護動物に提供するには、スペースやスタッフ、そして資金にも限界があります。満員なら受け入れを断らなければなりませんし、少なくとも欠員が出るまでウェイティングリストに載せることになります。「今は空きがありません」と断ると、ときには激しくののしられます。「動物福祉団体を名乗る以上、この子を引き取って当然でしょう?」というわけです。確かに、私たちに断られたあと、その子がどうなるか気がかりです。

繰り返し述べてきたように、日本には英国などのような明確な基準に則って活動をするシェルターがないので、人間にとって不用な動物にはセカンドチャンスがありません。捨てられるか、保健所/動物愛護センターに送られて、恐怖の待ち時間のあと、殺処分されます。捨てられた動物の場合、餓死、交通事故死、またはより無残な最期をとげることになります。かといって、私たちがその動物を引き取って安楽死させようものなら、多くの支持者から非難されるでしょう。場合によっては、スタッフからも拒否反応が出るでしょう。拒絶しても、引き取って安楽死させても、いずれにしても非難される、八方ふさがりのジレンマに悩む毎日です。

シェルターの厳しい現実

アークは、受け入れ動物の年齢、品種、健康状態、性格などに関する壁をいっさい設けていません。このため、保護動物の2、3割は飼い主を見つけるのが難しく、一生涯アークに留まるものも少なくありません。実際、長年ここにいて、16歳、なかには18〜19歳の老齢に達する動物も少ないとは言えません。

しかし、常時３００頭を超える動物を抱えるアークのようなシェルターでは、一般家庭で暮らす動物に比べて安楽死の決断を早めざるを得ないともいえます。医療費、それにケアの質などの要因を考慮する必要があるからです。回復の見込みがきわめて少ない動物に高額な治療費を払いつづけられるのか、脚を失って歩けない老犬に清潔さを保つケアを24時間体制で提供できるのか、現実を直視して判断せざるを得ません。

アークの安楽死基準

ここで、アークの安楽死の基準を公表しておきましょう。私たちが安楽死を決断するのは、以下の条件に該当する場合です。

１　動物が末期病状に苦しみ、痛みが予想される、現に苦しんでいる、すでに痛みが始まっている。

2　交通事故による脊髄断裂で麻痺が残り、主要臓器が損傷するなど致命的な重傷を負っている。

3　動物が凶暴で、スタッフ、ボランティア、またほかの動物に甚大な危害を加えると判断される。

4　もはやＱＯＬの保障がない。つまり、食餌、水を摂取はしていても衰弱がひどく、生きる楽しみがまったくないと判断される。

アークでは、安楽死を決断するにあたっては熟慮し、獣医師と動物のケアにあたるスタッフの意見を聞いたうえで慎重に決定し、さらに詳細な記録を残すようにしています。

日本の獣医師は安楽死に否定的

一般的にいって、欧米の獣医師が動物を苦しみから解放する安楽死は自らの重要な任務の一つと位置づけているのに対して、日本の獣医師は、たとえ目の前の動物が苦痛にもだえ、飼い主に懇願されたとしても安楽死処置を拒むことが多いようです。必要性が認められるのに頑《かたく》なに拒む理由はよくわかりませんが、万一拒否の理由が、無駄な治療によって動物を延命させ、高額な治療費を請求するためだとすれば、とても残念なことです。

さらにひどいのは、愛する家族に抱かれた末期症状に苦しむペットに、ストレスと痛みを終わらせる処置を施す代わりに保健所／動物愛護センターに持ち込むように勧める獣医師が少なくないことです。動物の気持ちに寄り添うはずの獣医師が、苦しんでいる犬猫を冷たい「牢獄」に追いやり、生涯最後の数日を戸惑いと恐怖、苦痛にさらした挙句に、ガスで殺される道を勧めるとは何という非道でしょうか。かつて動物愛護センターの職員から聞いた話によると、目を泣き腫らし、胸も張り裂けんばかりの飼い主が「獣医師に安楽死を断られたから」と嘆きながら、苦しむペットを持ち込んだケースもあったそうです。

寿命が延びたペットの終末

愛犬を安らかに眠らせる決断をした飼い主は、悲しみが癒えたあと、また別の犬を飼いたいと思うそうです。

一方、飼い犬が長期間の苦痛ののちに死んでいくのを目の当たりにした家族は、その悲惨な最期を忘れることができず、二度と犬を飼わないことが多いともいわれています。

ある飼い主は次のように述べています。

「愛とは、ときには逝かせることです。辛い日々よりも、共有した幸せな年月の方が多いでしょう。苦しみを終わらせることこそが、最後の愛の行為なのです。ずっと愛されてきた彼女が今あなたに求めるのは、これまで以上の力と愛です。愛しきものを尊厳のうちに旅立たせましょう。死もまた生の一部なのです」


犬は人間よりも寿命が短いので、飼い主は犬の年齢が高くなるとその死に直面せざるを得ない日も近いと悟るようになります。誰しも、愛するペットが苦しまず、眠るように息絶えることを願います。しかし、獣医学の進歩とともに治療によって犬の延命が望めるようになり、寿命が延びた結果、深刻な衰弱や苦痛をともなう病気が進行する可能性が高まっています。

生命維持本能に忠実な犬はストイックな存在です。痛みや苦しみを表に出しません。つまり、犬が苦痛や不快感を示すときには実は病状がきわめて重く、私たちの想像を超える深刻な状態であるということです。犬が苦痛や不快感に苦しみ、それを取り除くことが不可能なのであれば、苦しみをともなったまま生命を長引かせることが果たして思いやりある人道的な愛の行為だろうかと問いかけざるを得ないのです。

多くの人は、愛犬のＱＯＬを維持しようと、最後の最後までできる限りの努力をするでしょう。最大限の手を尽くし、獣医師にも精一杯の治療を依頼するはずです。しかし、万策尽き果て、苦しむ動物に回復が望めないときがきたら、それは安楽死を決断して愛犬を旅立たせるときであると私は考えています。

安楽死は、基本的には、獣医師が致死量の麻酔薬を動物の脚の静脈に注射する処置です。外科手術に用いる麻酔と同じですが、異なるのは、眠りについた動物が二度と目を覚まさないことです。

愛犬ジャンケットとの別れ

筆者自身、かつて愛犬ジャンケットに安楽死の決断をせざるを得ないという経験をしています。以下はそのときの様子です。

ジャンケットは十七歳という年齢にもかかわらず、ほとんど年をとっているということを感じさせませんでした。彼女は活気に満ちており、年よりもずっと若い犬に見えました。しかし一九九九年十月、口の中にコブができました。そのコブを手術して取り除き、検査のためにアメリカに送りました。結果は悪性ガンで、しかも再発するのは時間の問題だと言われました。わたしは再発を恐れながら、ずっと彼女を近くで見守りました。

十一月十五日、ガンは突然再発。病状は、想像をはるかに超えて悪化していました。その夜、ジャンケットのそばで寝ていましたが、彼女の苦しみをどうすることもできませんでした。つらい決断を下さなければならない時が来たのです。

次の朝早く、わたしはジャンケットを病院に連れて行きました。わたしに抱かれているジャンケットの静脈に、獣医がペントバルビタールをそっと注射しました。ジャンケットはわたしの腕の中に沈んでいき、あっという間に眠りにつきました。

安楽死は、ペットが苦しんでいたり、もうこれ以上生活の質を維持できない時に飼い主が与えることのできる最後の愛の行為であるとずっと信じてきました。回復の見込みもないのに、激痛や不快の中でぐずぐずと生かしておくのは残酷です。ジャンケットを心から愛していたから、一番親切な行為として安楽死を選んだのです。ジャンケットがわたしに与えてくれた幸せな年月を、わたしはずっと忘れることはないでしょう、たくさんの思い出に満たされた年月のひとつひとつを。

（エリザベス・オリバー『スウィート・ホーム物語』晶文社、２００２年）

no-kill 論争

ここで、安楽死に関する最近の海外動向を述べておきます。

２０１２〜２０１３年の推計で、米国では、新しい飼い主が見つからないために毎年２７０万頭（遠藤真弘「諸外国における犬猫殺処分をめぐる状況」『調査と情報』第８３０号、２０１４年）の犬猫を殺処分にしていますが、近年殺すのをやめて養子縁組を推進しようという動きに移行しています。この傾向は、いわゆる no-kill シェルターの間で高まっています。

no-kill シェルターは、受け入れ動物すべてに里親を見つけ、やむを得ない場合以外は安楽死させないと約束しています。ですから人々は、飼えなくなったペットをシェルターに持ち込めば里親を探してくれると信じて預けます。その結果、no-kill シェルターは市民から大いに支持され、多くのボランティアと資金を集めています。

一方、対照的なのが全入制のシェルターです。全入制のシェルターは、動物福祉制度が始まったころから地方自治体の動物管理局や「ヒューメイン・ソサエティ」などの民間非営利団体が運営してきた施設です。動物はすべて引き取りますが、過密や収容力不足により大半を安楽死させています。

過去には、これらのシェルターに対する批判はほとんど起きていません。管理者も、大衆も、飼い主のいない動物の保護に重点を置き、野放しにして惨めな暮らしや苦痛にさらすよりも、人道にかなった安楽死を提供する方がよいと考えていたからです。しかし最近では、この種の全入制シェルターとそこで働くスタッフに対して、残酷な状況を防ぐどころか自らが残酷行為を実践しているのではないかという批判が高まってきています。そのため、全入制シェルターのなかには、no-kill、つまり殺さない方針を採用し始めたところもあります。その一方で、一度はno-killを試みたものの、次のような理由から逆戻りするケースもあります。

no-killシェルターのジレンマ

no-killシェルターは、保護動物を安楽死させて収容スペースを確保することができないので、動物の引き取りを制限せざるを得ません。その結果、地域内のno-killシェルターと協力関係がないコミュニティでは、近隣の全入制シェルターに過重な負担がかかることになります。持ち込まれる動物すべてを全入制シェルターが引き受ける役割を担うからです。no-killシェルターに批判的な人々が、彼らを「受け入れ制限制シェルター」と呼ぶのは、欠員がない、空席待ちなどの理由から保護の必要な動物たちを追い返すからです。

また、no-killシェルターで使われる“non-adoptable”（養子縁組に適さない、譲渡が難しい）とか、“non-treatable”（扱いが難しい、治療できない）といった用語には、闇の部分が隠されています。養子縁組に適さない動物といえば、理念上は、深刻な問題行動を抱えた動物を指すのですが、ともすれば「年齢が高すぎる、重い障害がある、可愛くない」など、ペットに不向きな動物として都合良く拡大解釈されるからです。治療が難しいことを意味する"non-treatable"も曖昧な言葉です。たとえ"treatable"つまり治療可能でも、医療費が高くつく動物を日常的に安楽死させている no-kill シェルターもあります。

他方、深刻な健康問題や攻撃癖を有するため安楽死にしてしかるべき動物を飼いつづけるという不適正なケースもあります。それは、殺さない方針を擁護する人たちが「この子でも、優れた治療やリハビリに出合う可能性があるかもしれない」と期待するからです。しかし、とりわけ攻撃性が強い動物に対して「いつかふさわしい飼い主があらわれて、理解できるようになるはず」と考えるのは、無責任で危険な考えです。その種の動物は毎日シェルター内をうろつくうちに、性格はますます凶暴になってしまうだけです。そして、そうなってしまった動物に新たな飼い主があらわれる可能性はゼロなのですから。

手放したペットの行く末に目を向けてください

前述の事情を日本社会にあてはめると、まったく違った構図が見えてきます。日本には、欧米諸国でいわれる本来の意味でのシェルターはないに等しく、ヒューメイン・ソサエティのような大手の動物福祉組織が運営する保護施設もありません。行政による動物愛護センターは年間約13万頭もの大量の犬猫を殺処分しています。現時点で、動物救助に熱心なボランティアグループや小規模団体のなかで何らかの形の安楽死を実施しているのはアーク以外にはないと思われます。

その理由の一つは、一般的にいって、日本人が安楽死に否定的なためですが、たとえ賛成でも、場合によっては処置を施す獣医師を見つけるのが困難です。がんなど不治の病で苦しむ動物を、そのことをよく知っている獣医師が、自らの手で注射して眠らせる代わりに、保健所／動物愛護センターでの殺処分を勧めることがあるのは前にも述べたとおりです。なじみの動物でも断る獣医師に、シェルター動物の安楽死に同意させるのは至難でしょう。

保護動物に譲渡先が決まるか死亡による空きが出るのを待つ日本各地の動物保護施設は、事実上 no-kill シェルターなのですが、その実態がホーダーに近い施設もあります。飼育環境がお粗末どころか、劣悪極まる施設が少なくないからです。

あるシェルターでは、支持者から多額の寄付金を受け取りながら、犬を鎖につないだまま何週間も散歩させなかったり、常時小型ケージに犬猫を収容していたり、果てはボランティア要員を邪魔者扱いして追い返したりする有り様です。

「すべての動物を救います、1匹たりとも殺しません」

日本人は、それでもこのスローガンに弱いようです。

いずれにしても、もっとも残念なのは、ペットを飼いつづけられず、やむなく施設に持ち込んだ人たちが、いったん手放したあとは、その子がどんな境遇に置かれているか決して確かめようとしないことです。「去る者は日々にうとし」といいますが、目の前から消えたものは、どうでもよい、忘れ去るだけとは、寂しいではありませんか。

生涯の友

ペットを飼っていると、朝早く起きて「今日も一日頑張ろう」という前向きな気持ちになる人もいれば、気分が落ち込んだり、孤独に陥ったりしたときペットに慰められる人もいるでしょう。給餌、毛の手入れ、散歩に連れて行くなどペットの世話は飼い主の健康維持によいだけでなく、強い絆《きずな》と愛で結ばれた信頼感に心が満たされるものです。

犬猫などのペットを飼うことが私たちの健康生活にどれほど役立つかは、統計調査が示している通りです（http://publix.aisle7.net/publix/us/assets/feature/how-pets-keep-you-happy-and-healthy/~default）。

例えば、ペットは私たちの血圧を下げてくれます。ペットに触れる、たとえ見るだけでもペットには血圧を下げる効果があります。また、心臓を丈夫にします。心臓発作後に命を取りとめた人を追跡調査した結果、1年以内に死亡したケースは、犬の飼育者がわずか1％であるのに対して、犬を飼っていない人は7％に上りました。猫の飼い主が心臓発作で死亡するケースに至っては、飼育経験がある人はない人に比べて37％も少ないとの結果が報告されています。その他ペット飼育はアレルギー疾患の発症率を抑えるとも言われています。

ペットとの触れあいはストレスの軽減にも役に立ちます。ペットは人との会話の糸口となるだけでなく、社会的孤立を防ぎ、内向性の緩和にも有効です。

ペットの人間に対する愛情は無条件の愛です。ペットは人生のすべてではないものの、人生を満ち足りたものにしてくれるのです。とはいえ、人間とペットは互いに持ちつ持たれつの関係にあります。飼育者は、動物が「病めるときも健やかなるときも」最期まで全責任を負う義務があるのです。

日本社会は急速に高齢化が進んでいます。今や100歳以上の百寿者は全国で5万人を超え、その多くが女性です。また60代後半から70歳代のシニア世代は退職後も元気で、海外旅行、買い物、温泉めぐりを楽しみ、様々なスポーツで健康を保っています。

散歩は健康にいいから犬を飼おうと考える人も少なくありません。では、彼らはどこで犬を探すのでしょうか。日本ではペットショップが一般的ですが、店で販売されているのは生後数カ月ほどの子犬ばかりです。その子犬がどれほど大きな犬に成長するか、どんなに訓練が必要か、またどれくらい手がかかるものなのか、残念ながら前もって考えない人が多いのです。

このところアークには、まだ若い犬を引き取ってほしいという依頼が殺到しています。その理由は、飼い主の入院、老人ホームへの入居、さらには死亡などです。伴侶を求めて、あるいは健康維持のために高齢者が犬を飼うことに私は賛成です。ただし、その場合は

「大人の犬」を飼うことをお勧めします。彼らはリードを引っ張ることもなく扱いやすいですし、サイズも性格も初めからわかっています。

自分のライフスタイルにあったペットを賢く選べば、まさに「生涯の友」をもつことができるのです。

あとがき　白犬に捧《ささ》げる——2010年初秋に死んだ白犬を悼んで

本書を1匹の白犬に捧げます。

大人しくて我慢強いハスキーミックスです。日本では、今も昔も珍しくはありませんが、白犬は生涯鎖につながれたままでした。犬の名前も知りません。私は、そばを通るたびに、生気のない、でもまだ生きているその動物を目にしてきただけです。

35度を超える炎天下でも真夏の日差しをさえぎる陰もなく、犬はじっと耐えていました。小屋が狭すぎるうえに体をおおう屋根がないので、土砂降りの雨のなかでもずぶぬれでした。冬の間も、凍《い》てつくコンクリートに横たわっていました。それでも、白犬が虐待されていたとは言えないでしょう。打たれる、体に火をつけられる、折檻《せっかん》されるなど明確ないじめを受けていたわけではないからです。

近所に優しい人がいて、水と餌を与え、ときには散歩もしていたようです。犬は、たまに、小屋の後ろにある小さなオフィスに入るのを許されても、飼い主の家には入れてもらえませんでした。いつも悲しそうに見えました。生涯一度も愛されず、なでられたり、ほめられたりすることもなかったのでしょう。いわゆる「ネグレクト」(飼育放棄)にあたり、愛情にも、ほめ言葉にも無縁の生きものでした。

フィラリア症の進行とともに、苦しそうな咳《せき》をして、腹水がたまっている様子が見てとれました。死期が迫り衰弱してからも、相変わらず、外につながれ、土砂降りの雨にも、容赦なく照りつける太陽にも、さらされたままでした。そして、家族は哀れなこの犬の死期が迫る中でも、休暇で家を空けていました。

ある日、犬の具合があまりにも悪いので、私は飼い主に面会を求めました。出てきたのは、2児を従えた女性です。簾《すだれ》をかけて暑さを遮ること、広い犬小屋に変えてあげてほしい。私が申し出た二つの提案は断られました。彼女は「小屋のなかに入ろうとしないのよ」と言いました。当然でしょう。小屋が小さすぎます。「うちの飼い方に問題はありません」と女性は言いました。そこで、飼い主を説得できないだろうと思いながらも保健所に連絡しました。飼い主宅を訪問した保健所職員は、私と同じ扱いを受けましたが、もちろん、とくに気にする様子もありません。

最後に犬を見かけたのは8月13日金曜日、犬は空咳をして苦しそうでした。

家族はお盆休み中で、糞があちこちに散らばっています。不法手段をとらない限り、私にはどうすることもできません。夢にあらわれた白犬の姿に、私は祈りました。死が早く訪れますようにと。しかし、事はそう簡単には運ばないものです。犬は、ゆっくりと苦しみながら最期を迎えたことでしょう。

数日後、そこを通りかかったとき、白犬がつながれていたスペースはからっぽで、こわされた犬小屋が脇《わき》に積んでありました。彼の「居場所」には、瓶にさした花が置かれていました。家族には、花束が良心の慰めになったのでしょうか。飼い犬がどんなに惨めだったか、わからなかったのですか。そうでしょうね。彼らには自分たちが残酷であるとの認識もなく、ただ、無知なのです。休暇から戻ったとき、犬は鎖の端ですでに冷たくなっていましたか？　市の衛生課に連絡して、死体を運び出したのですか？　今となっては、どうしようもないこと。あの家族が二度と犬を飼わないようにと願うばかりです。

もう一つ、私が危惧するのは、子どもたちが成長したとき、彼らもまた、親と同じネグレクトと冷淡さを動物に示すのではないかということです。

この本で私が訴えたいのは、ペット飼育者に対する批判ではありません。多くの方はペットを愛し、家族の一員として大切にされていると思います。本書を世に出したいと思ったのは、この「白犬」のように、鎖につながれたまま惨めな生涯を強いられた挙句に死んでいく哀れな動物を少しでも減らしたいとの強い思いからです。本を手にした方々が、人間とペットの関係について考え、動物飼育にともなう責任と彼らから受ける恵みについて再認識するきっかけとなれば幸いです。ペットにケアと愛情を少しばかり与えるだけで、彼らはその何百倍もの「お返し」をしてくれます。人間とペットが、「ベストパートナー」としてともに生きるためのヒントを見つけていただければ、何よりの喜びです。

主要引用文献一覧

エリザベス・オリバー「どこまでも走れ、モナミ！」ＮＬ60号、２００５年
市川洋子「モナミとの出会い」ＮＬ60号、２００５年
エリザベス・オリバー「よかったね——レッド・ロッキーが長濱さんのもとに」ＮＬ58号、２００５年
エリザベス・オリバー「よかったね、ジョーイ！」ＮＬ75号、２００９年
エリザベス・オリバー「税金投入は〝死を待つ犬〟の救いとなるのか——動物管理システムの抜本的改善こそ急務」ＮＬ70号、２００８年
エリザベス・オリバー「動物収集マニアによる『生き地獄』」ＮＬ49号、２００３年
エリザベス・オリバー「『愛護センター』変革に期待」ＮＬ77号、２０１０年
ジリアン・スコット「日本でのセミナーを終えて」ＮＬ70号、２００８年
エリザベス・オリバー「行政の権限は強化されるも、実施面に不安が——『改正動物愛護管理法』施行に伴なう課題」ＮＬ66号、２００７年
エリザベス・オリバー「未来への教訓——大震災から学ぶこと」ＮＬ82号、２０１１年
メアリー・コーベット「災害時のペット避難対策——米国に学ぶ」ＮＬ87号、２０１２年
エリザベス・オリバー『スウィート・ホーム物語』晶文社、２００２年

＊アーク発行のニュースレター「A VOICE FOR ANIMALS」からの引用・転載（著者執筆分）は、必要に応じて加筆・修正した。なお他の著作者による部分は、許可を得て掲載、一部改変した場合がある。
＊本文中のURLは2015年7月時点のものです。

翻訳／村井智江子
構成／狩俣昌子

エリザベス・オリバー

アニマルシェルター「アニマルレフュージ関西（通称アーク）」代表。アークは一九九〇年設立。一九九九年NPO団体となる。二〇〇八年RSPCA（英国王立動物虐待防止協会）の協会員として日本で初めて認定される。二〇一二年日本での長年の動物愛護への貢献を認められ、英国エリザベス女王より大英帝国五等勲爵士を受勲。現在、大阪・能勢、兵庫・篠山で保護施設を運営、東京に連絡事務所を置く。

日本《にほん》の犬猫《いぬねこ》は幸《しあわ》せか　動物保護施設《どうぶつほごしせつ》アークの25年《ねん》

集英社新書〇八〇五B

二〇一五年一〇月二二日　第一刷発行
二〇二〇年　三　月二一日　第二刷発行

著者……エリザベス・オリバー
発行者……茨木政彦
発行所……株式会社集英社
東京都千代田区一ツ橋二-五-一〇　郵便番号一〇一-八〇五〇
電話　〇三-三二三〇-六三九一（編集部）
〇三-三二三〇-六〇八〇（読者係）
〇三-三二三〇-六三九三（販売部）書店専用

装幀……原　研哉
印刷所……凸版印刷株式会社
製本所……株式会社ブックアート

定価はカバーに表示してあります。

ISBN 978-4-08-720805-4 C0230

Printed in Japan

a pilot of wisdom

集英社新書　好評既刊

社会——B

- わるいやつら　宇都宮健児
- ルポ「中国製品」の闇　鈴木譲仁
- スポーツの品格　桑田真澄／佐山和夫
- ザ・タイガース 世界はボクらを待っていた　磯前順一
- ミツバチ大量死は警告する　岡田幹治
- 本当に役に立つ「汚染地図」　沢野伸浩
- 「闇学」入門　中野 純
- 100年後の人々へ　小出裕章
- リニア新幹線 巨大プロジェクトの「真実」　橋山禮治郎
- 人間って何ですか？　夢枕 獏 ほか
- 東アジアの危機「本と新聞の大学」講義録　一色 清／姜尚中 ほか
- 不敵のジャーナリスト 筑紫哲也の流儀と思想　佐高 信
- 騒乱、混乱、波乱！ ありえない中国　小林史憲
- なぜか結果を出す人の理由　野村克也
- イスラム戦争 中東崩壊と欧米の敗北　内藤正典
- 沖縄の米軍基地「県外移設」を考える　高橋哲哉
- 日本の大問題「10年後」を考える ——「本と新聞の大学」講義録　一色 清／姜尚中 ほか
- 原発訴訟が社会を変える　河合弘之
- 奇跡の村 地方は「人」で再生する　相川俊英
- 日本の犬猫は幸せか 動物保護施設アークの25年　エリザベス・オリバー
- おとなの始末　落合恵子
- 性のタブーのない日本　橋本 治
- ジャーナリストはなぜ「戦場」へ行くのか ——取材現場からの自己検証　危険地報道を考えるジャーナリストの会・編
- 医療再生 日本とアメリカの現場から　大木隆生
- ブームをつくる 人がみずから動く仕組み　殿村美樹
- 「18歳選挙権」で社会はどう変わるか　林 大介
- 3・11後の叛乱 反原連・しばき隊・SEALDs　笠井 潔／野間易通
- 「戦後80年」はあるのか ——「本と新聞の大学」講義録　一色 清／姜尚中 ほか
- 非モテの品格 男にとって「弱さ」とは何か　杉田俊介
- 「イスラム国」はテロの元凶ではない グローバル・ジハードという幻想　川上泰徳
- 日本人 失格　田村 淳
- たとえ世界が終わっても その先の日本を生きる君たちへ　橋本 治
- あなたの隣の放射能汚染ゴミ　まさのあつこ

a pilot of wisdom

a pilot of wisdom

集英社新書　好評既刊

丸山眞男と田中角栄「戦後民主主義」の逆襲

佐高 信／早野 透　0794-A

戦後日本を実践・体現したふたりの「巨人」の足跡をたどり、民主主義を守り続けるための〝闘争の書〟！

英語化は愚民化 日本の国力が地に落ちる

施 光恒　0795-A

「英語化」政策で超格差社会に。グローバル資本を利する搾取のための言語＝英語の罠を政治学者が撃つ！

伊勢神宮とは何か 日本の神は海からやってきた

植島啓司／写真・松原 豊　039-V　〈ヴィジュアル版〉

日本最高峰の聖地・伊勢神宮の起源は海にある！ 丹念な調査と貴重な写真からひもとく、伊勢論の新解釈。

出家的人生のすすめ

佐々木 閑　0797-C

出家とは僧侶の特権ではない。釈迦伝来の「律」より説く、精神的成熟を目指すための「出家的」生き方。

奇食珍食 糞便録

〈ノンフィクション〉

椎名 誠　0798-N

世界の辺境を長年にわたり巡ってきた著者による、「人間が何を食べ、どう排泄してきたか」に迫る傑作ルポ。

科学者は戦争で何をしたか

益川敏英　0799-C

自身の戦争体験と反戦活動を振り返りつつ、ノーベル賞科学者が世界から戦争を廃絶する方策を提言する。

江戸の経済事件簿 地獄の沙汰も金次第

赤坂治績　0800-D

金銭がらみの出来事を描いた歌舞伎・落語・浮世絵等から学ぶ、近代資本主義以前の江戸の経済と金の実相。

宇沢弘文のメッセージ

大塚信一　0801-A

〝人間が真に豊かに生きる条件〟を求め続けた天才経済学者の思想の核に、三〇年伴走した著者が肉薄！

原発訴訟が社会を変える

河合弘之　0802-B

原発運転差止訴訟で勝利を収めた弁護士が、原発推進派と闘うための法廷戦術や訴訟の舞台裏を初公開！

悪の力

姜尚中　0803-C

「悪」はどこから生まれるのか――。一〇〇万部のベストセラー『悩む力』の著者が、人類普遍の難問に挑む。